Der Momentenausgleich durchlaufender Traggebilde im Stahlbau

Eine neue Statik als Grundlage für wirtschaftliches Konstruieren

Formeln und Tafeln für den Stahlbau-Statiker
zur Berücksichtigung der Plastizität des Stahls
bei durchlaufenden Trägern und Rahmen

Bearbeitet von

Städtischem Baurat Dr. Ing. **Felix Kann**

Privatdozent der Technischen Hochschule Braunschweig und Dozent
der Ingenieur-Akademie Wismar i. M.

Mit 58 Abbildungen

Walter de Gruyter & Co.

vormals G. J. Göschen'sche Verlagshandlung
J. Guttentag, Verlagsbuchhandlung — Georg
Reimer — Karl J. Trübner — Veit & Comp.

Berlin W 10 und Leipzig

1932

Archiv-Nr. 13 01 32.

Druck von Walter de Gruyter & Co., Berlin W 10

Vorwort.

Angeregt durch einen Vortragszyklus des Deutschen Stahlbau-Verbandes im Oktober 1930, entschloß ich mich, die aktuelle Frage des Spannungsausgleichs in durchlaufenden Trägern und biegungssteifen Rahmen aus Stahl, nachdem diese Frage in der Sonderliteratur des Stahlbaues in den letzten Jahren mehr und mehr in den Vordergrund getreten war, in einer Monographie zu behandeln, die die Aufgabe erfüllen soll, allgemeine Grundlagen für die Berechnung solcher Durchlaufkonstruktionen unter Berücksichtigung der „Selbsthilfe" (oder des Spannungsausgleiches) des Materials zu finden. Da eine derartige Berechnung von größter wirtschaftlicher Bedeutung für den Stahlbau ist, wird eine systematische Behandlung der „Statik des Momentenausgleiches" — das beweisen die zahlreichen Sonderabhandlungen über dieses Gebiet und die Zuschriften an die Schriftleitungen der einschlägigen Zeitschriften — von der Fachwelt geradezu gefordert.

In der vorliegenden Schrift wird daher einerseits die statisch bestimmte Aufgabe des Momentenausgleiches zwischen Stützen- und Feldmoment eines Durchlaufträgers bzw. zwischen Eck- und Feldmoment eines biegungssteifen Rahmens allgemein, also für die verschiedensten Belastungsfälle behandelt, andererseits wurden die Begriffe des „natürlichen Momentenausgleichs" und der „Ausgleichskurven" neu geschaffen. Durch letztere wird der Konstrukteur in die Lage versetzt, in jedem Einzelfall sofort zu beurteilen, wie weit er von dem Idealfall des „natürlichen Momentenausgleiches" entfernt ist — eine Frage von größter wirtschaftlicher Bedeutung für den Stahlbau.

Es ist dem Verfasser eine angenehme Pflicht, Herrn Dipl.-Ing. Klöppel, Berlin, und dem Deutschen Stahlbau-Verband für die tatkräftige Unterstützung durch Nachweisung und Überlassung von Literatur und Quellenangaben den wärmsten Dank auszusprechen.

Bei der Anfertigung und Beschriftung der Zeichnungen für die Textabbildungen und beim Lesen der Korrekturen haben mich die Herren Ing. Walter Ehling und Ing. Paul Hennings in dankenswerter Weise unterstützt. Die beiden Abbildungen 26 und 29 sind von dem Erstgenannten entworfen worden.

Möge das Buch eine freundliche Aufnahme finden und seinen Zweck erfüllen, durch Anleitung zum wirtschaftlichen Konstruieren der Durchlauf- und Rahmensysteme im Stahlbau der deutschen Volkswirtschaft zu dienen.

Wismar, im Januar 1932.

Der Verfasser.

Inhaltsübersicht.

Literatur.

1. Grüning, Die Tragfähigkeit statisch unbestimmter Tragwerke aus Stahl bei beliebig häufig wiederholter Belastung. Berlin 1926.
2. Maier-Leibnitz, Beitrag zur Frage der tatsächlichen Tragfähigkeit einfacher und durchlaufender Balkenträger aus Baustahl St. 37 und aus Holz: Die Bautechnik, 1928, Heft 1 und 2.
   Derselbe, Versuche mit eingespannten und einfachen Balken von I-Form aus St. 37: Die Bautechnik 1929, Heft 20.
   Derselbe, Gesichtspunkte für die Gestaltung und Einzelausbildung der Traggerippe von Stahlbauten (Ausgewählte Vorträge aus dem Gebiet des Stahlbaues, herausgegeben vom Deutschen Stahlbau-Verband, Berlin).
3. Max Mayer, Die Sicherheit der Bauwerke und ihre Berechnung nach Grenzkräften anstatt nach zulässigen Spannungen. Berlin 1926.
4. Zuschriften an die Schriftleitung der „Bautechnik", Heft 20, 1928.
5. Dipl.-Ing. J. H. Schaim, Berlin, Der durchlaufende Träger unter Berücksichtigung der Plastizität: Der Stahlbau 1930, Heft 2.
   Dr. Fritz Emperger, Zur Statik des eingespannten und des Durchlaufbalkens: Beton und Eisen 1930, Heft 12.
   G. von Kazinczy, Budapest, Statisch unbestimmte Tragwerke unter Berücksichtigung der Plastizität: Der Stahlbau 1931, Heft 5.
   Dr. techn. J. Fritsche, Prag, Die Tragfähigkeit von Balken aus Stahl mit Berücksichtigung des plastischen Verformungsvermögens: Der Bauingenieur 1930, Heft 49, 50, 51.
6. Dr. Bohny, Zuschrift an die Schriftleitung der „Bautechnik", Heft 20, 1928.
7. Dr.-Ing. e. h. K. Bernhard, Zuschrift an die Schriftleitung der „Bautechnik" Heft 20, 1928.
8. Vgl. Grüning, a. a. O. S. 274.
9. Vgl. Fritsche, a. a. O. S. 874.
10. In ähnlicher Weise wird bekanntlich die Wirkung der Schrägen (Vouten) seit jeher berücksichtigt. Vgl. u. a. auch den Aufsatz des Verfassers „Drehwinkelverfahren in der experimentellen Statik", Zentralblatt der Bauverwaltung 1931, Heft 30.
11. Die „Kreuzlinienabschnitte" oder Belastungsglieder der Clapeyronschen Gleichung sind zusammengestellt für alle möglichen Belastungsfälle im Anhang der Schrift von Dipl.-Ing. G. Ehlers, Berlin: „Die Clapeyronsche Gleichung als Grundlage der Rahmenberechnung", Sonderdruck aus „Deutsche Bauzeitung", Berlin. Ferner Kleinlogel-Sigmann, Der durchlaufende Träger. Berlin 1929.
12. Die Gleichungen (3) und (4) stimmen überein mit den in den „Bestimmungen über die zulässige Beanspruchung und Berechnung von Konstruktionsteilen aus Flußstahl und hochwertigem Baustahl usw." in Hochbauten vom 25. II. 1925 festgelegten Momentenwerten von $\frac{Ql}{11}$ im Endfeld und $\frac{Ql}{16}$ im Mittelfeld.
13. Dipl.-Ing. G. Ehlers, a. a. O. S. 10.
14. Dr. techn. Fritz Stüssi, Sicherheit statisch unbestimmter Fachwerke bei Veränderung einzelner Stabquerschnitte: Die Bautechnik 1931, Heft 40.
15. Derselbe, Über den Verlauf der Schubspannungen in auf Biegung beanspruchten Balken aus Stahl. Ein Beitrag zur Berücksichtigung der Plastizität: Schweizerische Bauzeitung, Bd. 98, Nr. 1.

Einleitung.

Durch die grundlegenden Arbeiten und Versuche von Prof. Grüning[1]), Hannover, und Prof. Maier-Leibnitz[2]), Stuttgart, ist die Frage der „Selbsthilfe" oder — etwas volkstümlicher ausgedrückt — der „Schlauheit" des Materials bei statisch unbestimmten Tragwerken aus Stahl (Durchlaufträgern und Rahmen) angeschnitten und bis zu einem gewissen Grade geklärt worden. Man versteht unter der Selbsthilfe des Materials die durch die erwähnten Versuche erwiesene Tatsache, daß sich bei Berücksichtigung der plastischen Verformung unter einer gesteigerten (Grenz-) Belastung eine Angleichung der Feld- und Stützenmomente durchlaufender Systeme (zu denen auch die biegungssteifen Rahmen gehören) ergibt, daß also bei einer rechnungsmäßig über die Streckgrenze erfolgenden Beanspruchung an einer Stelle an einer anderen, noch nicht voll ausgenutzten Stelle eine Spannungserhöhung eintritt, die selbst wieder bis zur Streckgrenze ansteigen kann.

Die Dimensionierung geschieht — unter Verwertung dieser Tatsache — daher nicht mehr auf Grund einer festen Größe der zulässigen Spannung, sondern auf Grund der für das Material und das Traggebilde notwendigen Sicherheit, wie dies von namhaften Fachleuten schon seit längerer Zeit für die Berechnung aller Bauwerke vorgeschlagen wird [3]) und beispielsweise in der Flugzeugstatik längst üblich ist.

Als Folge der Veröffentlichungen von Grüning und von Maier-Leibnitz hat sich die Fachwelt lebhaft für diese Angelegenheit zu interessieren begonnen und in Zuschriften an die Schriftleitung der die Aufsätze von Maier-Leibnitz enthaltenden Zeitschrift „Die Bautechnik" [4]) und in selbständigen Beiträgen [5]) zu dieser Frage Stellung genommen.

Wenn auch im großen und ganzen als zusammenfassendes Ergebnis aller dieser Abhandlungen ein Gutheißen der neuen Erkenntnisse, die von großer wirtschaftlicher Bedeutung für den Stahlbau sind, festgestellt werden kann, so sind doch auch andererseits — und dies mit Recht — Stimmen laut geworden, die zur Vorsicht mahnen. So warnt Dr. Bohny[6]) davor, „so ohne weiteres die wenigen vorliegenden Ergebnisse in der Praxis zu verwerten, also gewissermaßen mit der Selbsthilfe des Materials von vornherein zu rechnen", und Dr.-Ing. e. h. Karl Bernhard[7]) schließt seine Zuschrift mit der Forderung, daß „in Übereinstimmung mit den guten Erfahrungen der Praxis der Weg verfolgt werden müsse, allgemeine Grundlagen für die Berechnung derartiger Konstruktionen unter Berücksichtigung der Selbsthilfe (wofür Bernhard Spannungsausgleich als Bezeichnung vorschlägt) zu finden".

Tatsächlich sind ja auch die Versuche nur für ganz bestimmte spezielle Belastungsfälle, also für ein eng begrenztes Gebiet, durchgeführt worden, und es ist bei der Auswertung der Versuche nicht auf einen wichtigen Umstand Rücksicht genommen worden, der — soviel dem Verfasser bekannt — in der vorliegenden Abhandlung zum ersten Male im Zusammenhange mit der Frage des Momentenausgleichs behandelt wird, nämlich auf die Frage: Wie groß ist der Unterschied der durch die Wirkung der Plastizität auszugleichenden Momente in Feld und Stütze, wenn diese Momente nach der Elastizitätstheorie (z. B. nach Clapeyron), also ohne Berücksichtigung der plastischen Verformung berechnet werden? Es gibt ja doch besondere Fälle von Systemen und zugeordneter Belastung, in denen der Momentenausgleich schon von vornherein erfüllt ist, die Plastizität also gar nicht in Anspruch genommen werden muß, im Gegensatz dazu aber gibt es Fälle, in denen Stützen- und Feldmoment sehr verschieden ausfallen. Wir nennen den ersteren der beiden Fälle den „natürlichen Momentenausgleich", für den eines der bekanntesten Beispiele der beiderseits eingespannte Balken mit Einzellast in der Mitte (Abb. 1) oder aber der Rechteck-Zweigelenkrahmen mit waagerechter (Wind-) Belastung in Höhe des Riegels (Abb. 2) ist.

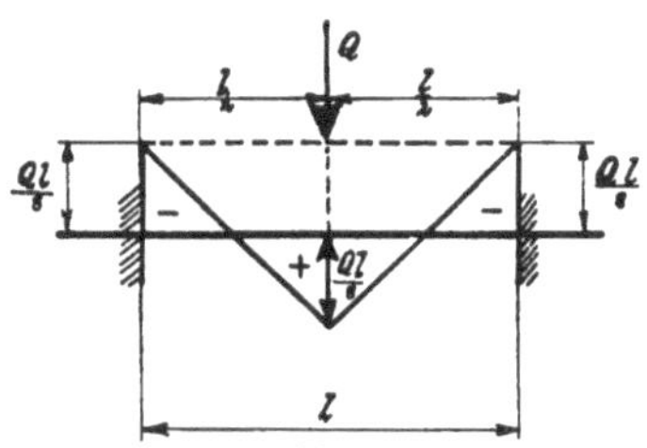

Abb. 1.

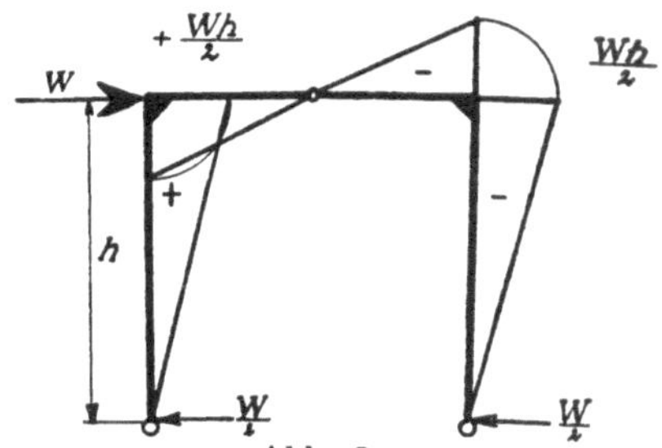

Abb. 2.

Man wird sich aber offenbar um so mehr auf die Wirkung der plastischen Verformung, also auf die Selbsthilfe des Materials, verlassen können, je näher man für irgendeinen vorliegenden System- und Belastungsfall dem „natürlichen Momentenausgleich" kommt und umgekehrt, man wird — solange nicht noch weitere Versuchsergebnisse zur allgemeinen Klärung der Frage vorliegen — um so weniger mit dem Ausgleich rechnen dürfen, je weiter man von dem Sonderfall des natürlichen Momentenausgleichs entfernt ist, je verschiedener sich also Stützen- und Feldmoment für einen gegebenen Fall nach der Elastizitätstheorie ergeben.

Es ist daher für den wirtschaftlich denkenden Statiker naheliegend, die Schlauheit des Materials zu unterstützen durch die Schlauheit

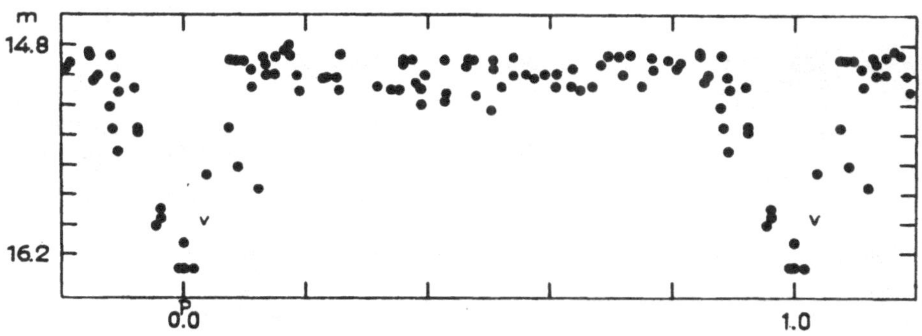

3751. S 7951 Gem Bedeckungsstern; $16^m_{\cdot}2$ - [17^m

Der Veränderliche konnte wegen seiner geringen Helligkeit auf manchen Platten nur unsicher beobachtet werden. Nur 3 sichere Minima sind festgestellt:

243 0368.352
1146.310
8407.588

Es besteht die Wahrscheinlichkeit, daß der Stern auch bei 243 1145.52 geschwächt ist. Eine Periode von $0^d_{\cdot}79$ könnte deshalb möglich sein, zumal sich auch bei dieser Annahme auf den Reihenplatten des 40-cm-Astrographen keine Widersprüche ergeben.

3752. S 7952 Gem Halbregelmäßig; $13^m_{\cdot}6$ - $14^m_{\cdot}3$

Mit den Elementen

Max. = 243 0000 + $133^d_{\cdot}5$·E

lassen sich die den Epochenzahlen 1, 2, 3, 60, 63 und 66 zugehörenden Maxima gut darstellen. Von 242 9160 ... 9700 verläuft der Lichtwechsel bedeutend flacher, und die Elemente sind für diesen Zeitraum nicht anwendbar.

3753. S 7953 Gem β-Lyrae-Stern; $14^m_{\cdot}0$ - $15^m_{\cdot}0$

Min. = 242 9231.515 + $0^d_{\cdot}4079925$·E

A_2 = $0^m_{\cdot}6$

des Konstrukteurs, indem man Systeme wählt, bei denen infolge entsprechender Spannweitenverhältnisse bzw. Steifigkeitsziffern (bei Rahmen), spezieller Laststellungen durch Anordnung von Querträgern an bestimmten Punkten usw. der Ausgleich der Momente für einen bestimmten vorherrschenden Belastungsfall, z. B. Eigengewicht, schon nach der Elastizitätstheorie erfüllt ist. Solche Systeme mit natürlichem Ausgleich oder aber solche, die nicht weit vom natürlichen Ausgleich entfernt sind, bei denen also die Plastizität entweder gar nicht oder nur in geringem Maße in Anspruch genommen wird, bieten im Stahlbau den Vorteil hervorragender Wirtschaftlichkeit und werden im III. und IV. Kapitel der vorliegenden Schrift ausführlich behandelt.

Ein Analogon zu den durchlaufenden Systemen mit natürlichem Ausgleich der Momente für einen vorherrschenden Belastungsfall bietet die Gewölbetheorie in den nach der „Stützlinie für Eigengewicht" oder aber „Stützlinie für Eigengewicht plus halbe Verkehrslast" geformten Bogenträgern, die schon seit alters her bekanntlich in der Baustatik als Grundlage für ein wirtschaftliches Konstruieren der Massivgewölbe dienen.

So wird zweifellos die neue „Statik des Momentenausgleichs" die Grundlage für ein neues wirtschaftliches Konstruktionsprinzip im Stahlbau schaffen. Durchlaufende Träger von abwechselnd gleichen positiven und negativen Momenten ergeben Träger von überall gleichem Querschnitt kleinster Abmessungen. Im Gegensatz zu unseren früheren Ansichten hierüber bieten solche statisch unbestimmten Träger gegenüber statisch bestimmten Trägern, z. B. den Balken auf zwei Stützen oder den Gerberschen Gelenkträgern, nicht allein den Vorteil der größeren Wirtschaftlichkeit, sondern auch den Vorteil größerer Sicherheit; denn auch Temperaturänderungen und die früher so gefürchteten Stützensenkungen durchlaufender Traggebilde bei nicht einwandfreiem Baugrund erhöhen, sofern man an dem Momentenausgleich festhält, die Spannungen des kritischen Zustandes nicht; dies wird auch in der erwähnten Schrift von Grüning [1]) ausdrücklich festgestellt. Diese Einflüsse erhöhen nur die Grenzen der plastischen Längenänderungen. Andererseits bleibt aber ein n-fach unbestimmtes System noch stabil, wenn an nicht mehr als n Querschnitten die Streckspannung erreicht oder überschritten wird — wodurch gewissermaßen n Zwischengelenke eingeschaltet werden —, während ein Gelenkträger sofort labil wird, wenn nur in einem einzigen Punkte durch Überschreiten der Streckspannung ein neues Gelenk hinzukommt. Man sieht: das statisch unbestimmte System ist sicherer als das bestimmte. (Es ist im übrigen dieselbe Überlegung, die seit dem Einsturz der Quebec-Brücke dazu geführt hat, bei Fachwerken aus Stahl anstatt der Gelenkbolzenverbindungen steife Eckverbindungen mit Knotenblechen zu verwenden.)

Die beiden Hauptforderungen an jede Baukonstruktion, nämlich Wirtschaftlichkeit und Sicherheit, sind demnach bei unseren Durchlaufträgern und Rahmen in weit höherem Maße erfüllt als bei statisch bestimmten Gelenkträgern, ganz besonders aber bei den im folgenden noch ausführlich zu behandelnden Trägern und Rahmen mit „natürlichem Momentenausgleich".

Als Schrittmacher der Grüningschen und Maier-Leibnitzschen Theorie der Selbsthilfe des Materials können im übrigen die Versuche des Deutschen Stahlbau-Verbandes nach den Angaben von Prof. Siegmund Müller, Berlin, angesehen werden, auf Grund derer in den ministeriellen Vorschriften für Stahlhochbauten vom Februar 1925 die Momente stählerner Durchlaufträger mit $\frac{Ql}{11}$ für das Endfeld und $\frac{Ql}{16}$ für das Mittelfeld bei gleichmäßig verteilter Last festgelegt wurden.

Durch Arbeiten neuesten Datums [14]) [15]) ist auch die Sicherheit statisch unbestimmter Fachwerke bei Veränderung einzelner Stabquerschnitte (also analog wie bei biegungssteifen Systemen) und der Verlauf der Schubspannungen unter Berücksichtigung der Plastizität durch den Schweizer Dr. Stüssi untersucht worden, worauf jedoch in der vorliegenden Arbeit nicht näher eingegangen werden soll. Während der Drucklegung erschien ferner ein Beitrag von K. Hohenemser „Elastisch-bildsame Verformung statisch unbestimmter Stabwerke". (Ingenieur-Archiv, Berlin, Heft 4/1931).

I. Kapitel.

Grundbegriffe und Grundformeln. Fließ- oder Plastizitätsbereich.

In Abb. 3 ist zunächst dargestellt, in welcher Weise sich bei Erreichung der Streckgrenze über der Zwischenstütze eines Durchlaufträgers der so-

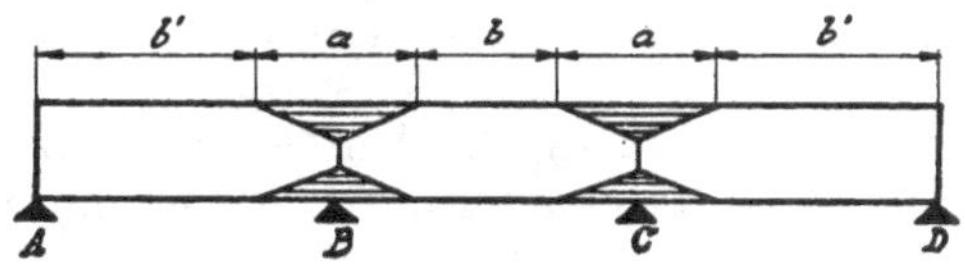

Abb. 3. Fließbereich über der Stütze.

genannte „Fließbereich“ (Plastizitätsbereich) für den Fall „Stützenmoment größer als Feldmoment“ einstellt. Mit dem Eintritt der Streckgrenze werden die betreffenden Teile des Querschnittes bei Erhöhung der Belastung von weiterer Kraftaufnahme ausgeschaltet [8]). Das Spannungsdiagramm ändert seine Gestalt; es geht aus dem bekannten, geradlinig begrenzten Diagramm in die skizzierte Form über (Abb. 5 b). Der Träger

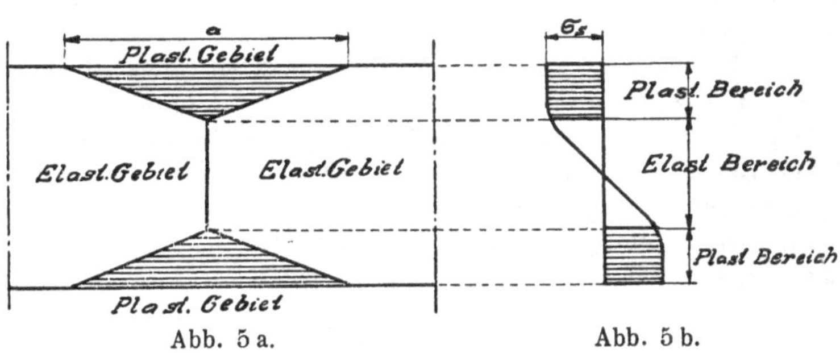

Abb. 5 a. Abb. 5 b.

besteht nun zum Teil aus elastisch-plastisch verformten Streckengebieten (Länge a), teils aus rein elastisch verformten Bereichen (Längen b bzw. b') [9]). Es entsteht also gewissermaßen ein unvollkommenes Gelenk über der Zwischenstütze. Wenn man für die Formänderungs- und Momentenberechnung — gemäß dem eben Gesagten — von den plastisch deformierten, also mit der Streckspannung beanspruchten Teilen des Balkens ganz absieht, d. h. diese als nicht vorhanden annimmt (in der Abbildung schraffiert), ist es demnach gleichsam so, als ob die Querschnitte und folglich auch die Trägheitsmomente des Balkens nach der fraglichen Zwischenstütze hin abnehmen würden. Durch die Entstehung dieses unvollkommenen Gelenkes über der Stütze wird aber eine Verkleinerung des Einspannungsgrades an dieser Stelle, d. h. eine Verschiebung der Momentenschlußlinie, verursacht.

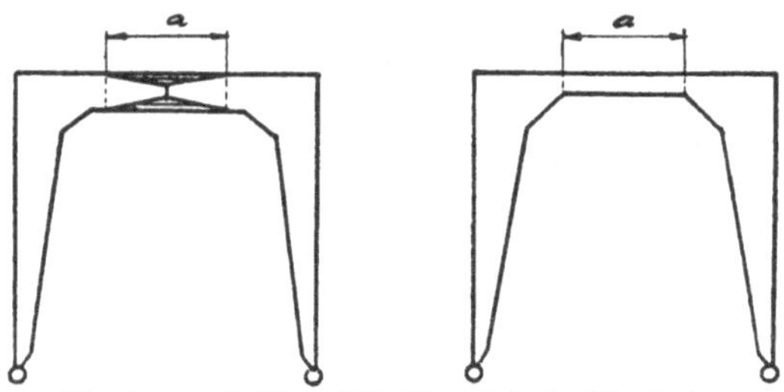

Abb. 4a. und 4b. Fließbereich in Feldmitte.

Im entgegengesetzten Fall (Abb. 4), der bei Belastung nur einzelner Felder von Durchlaufträgern und bei Rahmen in der Regel eintreten wird — Feldmoment größer als Stützenmoment —, wird in Feldmitte infolge der primären Erreichung der Streckgrenze an dieser Stelle der Fließbereich (das unvollkommene Gelenk) in Erscheinung treten, somit gewissermaßen eine Verkleinerung des Balkenträgheitsmomentes nach der Mitte zu, mithin eine Vergrößerung des Einspannungsgrades, die Folge sein. Es ist klar, daß sich die Plastizität eines durchlaufenden Trägers oder unbestimmten Rahmens aus Stahl — in Übereinstimmung mit der von Grüning und Maier-Leibnitz durch den Versuch erwiesenen Tatsache — in einer Verschiebung der Momentenschlußlinie jeweils nach der Richtung des Ausgleiches zwischen Stützen- und Feldmoment auswirken muß.

In der Elastizitätsberechnung kann dies in einfacher Weise dadurch berücksichtigt werden, daß eine verallgemeinerte Dreimomentengleichung für ein Doppelfeld ($A—B—C$) des Trägers hergeleitet wird, wobei die Drehwinkel der Biegelinie an den Stützen (nach Mohr) als Auflagerdrücke der entsprechend reduzierten Momentenflächen ermittelt werden. Der Übergang vom vollen zum geschwächten Querschnitt des Balkens wird dabei geradlinig angenommen [10]).

Einführung des Plastizitätsfaktors.

Ableitung einer verallgemeinerten Dreimomentengleichung.

Der Ausgleich zwischen Stützen- und Feldmoment kann durch Einführung eines „Plastizitätsfaktors“ (μ) in der Weise bewerkstelligt werden, daß die reduzierte Momentenfläche nunmehr über den Zwischenstützen

$$\text{mit}\ \frac{M}{E\,J\cdot\mu}$$

in Rechnung gestellt wird, wobei μ im Falle der Abb. 3 (Fließbereich über der Stütze) kleiner als eins ist, da ja hier, wie erläutert, eine Verkleinerung des Trägheitsmomentes als Folge der Plastizität angenommen werden muß. Im Falle der Abb. 4a (Fließbereich in Feldmitte) sollte eigentlich auf eine gewisse Streckenlänge (a) in Feldmitte eine Verkleinerung der Trägheitsmomente angenommen werden, anstatt dessen wird — um eine einheitliche mathematische Beziehung für beide Fälle zu erhalten — als Näherungsrechnung eine allmähliche, geradlinig verlaufende Vergrößerung der Trägheitsmomente auf die Restlänge des Balkens ($l - a$) beiderseits nach den Stützen zu vorausgesetzt (Abb. 4 b), derart, daß also der Plastizitätsfaktor μ, d. i. das Verhältnis der Balkenträgheitsmomente an der Stütze und in Feldmitte, jetzt größer als die Einheit in Rechnung zu stellen ist. Der Grenzfall „$\mu = 1$" liegt dann vor, wenn die Streckgrenze in Feldmitte und über der Zwischenstütze gleichzeitig erreicht wird, wenn sich also von vornherein die Momente an beiden Stellen, nach der Elastizitätstheorie berechnet, gleich groß ergeben, mit anderen Worten: μ ist eins, wenn die Plastizität überhaupt nicht in Anspruch genommen werden muß, d. h. in dem bereits in der Einleitung erwähnten wichtigen Sonderfall des natürlichen Momentenausgleichs.

Der bildmäßige Verlauf der reduzierten Momentenfläche der Stützenmomente $\frac{M}{EJ\cdot\mu}$ ist für ein Doppelfeld $A - B - C$ in den Abb. 6a und 6b dargestellt, wonach der geradlinige Übergang von den Stützen nach der Feldmitte zu jeweils auf eine Strecke $\frac{l}{n}$ beiderseits der Stütze, also im ganzen

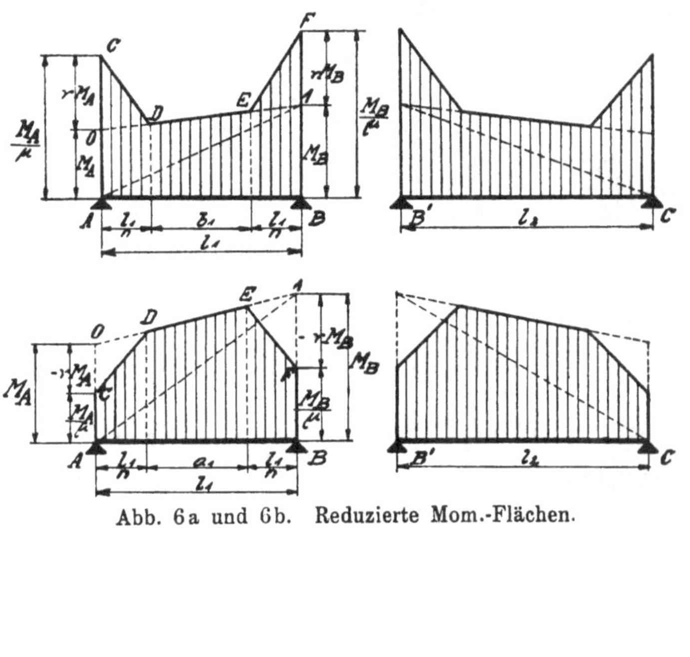

Abb. 6a und 6b. Reduzierte Mom.-Flächen.

auf eine Länge $2 \cdot \left(\frac{l}{n}\right) = a$ (in Abb. 3) bzw. $2 \cdot \left(\frac{l}{n}\right) = l - a$ (in Abb. 4b) erfolgt. Abb. 6a entspricht dabei dem Fall der Abb. 3 — Fließbereich über der Stütze —, Abb. 6b hingegen dem Fall der Abb. 4 — Fließbereich in Feldmitte.

Über den Stützen bei A, B und C sind in den Abb. 6a und 6b jedoch die Werte $\frac{M_A}{\mu}$, $\frac{M_B}{\mu}$ bzw. $\frac{M_C}{\mu}$ als Belastungsordinaten abgetragen worden, da im übrigen das Produkt

$$E \cdot J = 1$$

gesetzt wird.

Die Momentenfläche der äußeren Belastung des Feldes (sogenannte M_0-Fläche) braucht nicht reduziert zu werden, da sie nach den Stützen zu ja ohnehin auf Null abnimmt, also die Division durch μ ohne nennenswerten Einfluß bleibt, sofern die Länge $\frac{l}{n}$ im Verhältnis zur Feldweite nicht zu groß ist. Nur unter dieser Voraussetzung gelten die folgenden Entwicklungen.

Die Form des Plastizitätsbereiches ist nach vorstehendem durch zwei Grundwerte erst vollkommen eindeutig bestimmt, nämlich

1. durch den Plastizitätsfaktor μ, der die Größe des mitwirkenden elastischen Querschnitts über der Stütze festlegt, und
2. durch die Verhältniszahl n, durch die die Länge des Fließbereiches (im Verhältnis zur Feldweite) charakterisiert ist.

Die Belastungsfläche $ACDEFB$ in Abb. 6a bzw. 6b kann ersetzt werden durch vier Dreiecke, und zwar $AO1$ und ODC einerseits und $A1B$ und $E1F$ andererseits. Die Längen OC bzw. $1F$ berechnen sich in Abb. 6a ($\mu < 1$) zu:

$$\overline{OC} = M_A\left(\frac{1}{\mu} - 1\right)$$

$$\overline{1F} = M_B\left(\frac{1}{\mu} - 1\right)$$

(I) oder mit $\boxed{\frac{1}{\mu} - 1 = \nu}$:

$$\begin{cases} \overline{OC} = M_A \cdot \nu \\ \overline{1F} = M_B \cdot \nu \end{cases}$$

In Abb. 6b ($\mu > 1$) ist:

$$\begin{cases} \overline{OC} = M_A \cdot \left(1 - \frac{1}{\mu}\right) = - M_A \cdot \nu \\ \text{und } \overline{1F} = M_A \cdot \left(1 - \frac{1}{\mu}\right) = - M_B \cdot \nu \end{cases}.$$

Berücksichtigt man jedoch, daß in Abb. 6b die beiden Dreiecke OCD und $1EF$ von der Belastungsfläche abgezogen werden müssen, wohingegen in Abb. 6a diese Dreiecksflächen zur Trapezfläche hinzukommen, so erkennt man, daß sich für die reduzierte Belastungsfläche und daher auch für die Auflagerdrücke dieser Fläche in beiden Fällen ein und dieselbe Gleichung ergeben muß.

Ist μ größer als 1, so ergibt sich aber gemäß Gleichung (I) für ν ein negativer, bei μ kleiner als 1 hingegen ein positiver Wert, für den Grenzfall $\mu = 1$ (natürlicher Ausgleich) schließlich ist ν Null. Die nachstehenden Gleichungen gelten daher für alle 3 Fälle, also allgemein.

Es findet sich nun — als Auflagerdruck dieser gedachten Belastung des Feldes AB — der Drehwinkel der Biegelinie links von B:

$$EJ \cdot \alpha_B = \frac{M_A \cdot \left[\frac{l_1^2}{6} + \frac{\left(\frac{l_1}{n}\right)^2}{6} \cdot \nu\right]}{l_1} + \frac{M_B \cdot \left[\frac{2\,l_1^2}{6} + \frac{l_1^2}{6n^2} \cdot \nu \cdot (3n-1)\right]}{l_1}$$
$$= \frac{M_A \cdot \left(1 + \frac{\nu}{n^2}\right) + M_B \cdot \left(2 + \frac{3n-1}{n^2} \cdot \nu\right)}{6} \cdot l_1 .$$

Analog erhält man — als Auflagerdruck der gedachten Belastung des Feldes BC — den Drehwinkel der Biegelinie rechts von B:

$$EJ \cdot \alpha'_B = \frac{M_C \cdot \left(1 + \frac{\nu}{n^2}\right) + M_B \cdot \left(2 + \frac{3n-1}{n^2} \cdot \nu\right)}{6} \cdot l_2$$

und somit die verallgemeinerte Dreimomentengleichung für das Doppelfeld ABC (durch Gleichsetzen der Drehwinkel einschließlich jener der äußeren Belastung links und rechts von B):

$$\boxed{\begin{aligned} M_A \cdot (n^2 + \nu) \cdot l_1 + M_B \cdot [2n^2 + (3n-1) \cdot \nu] \cdot (l_1 + l_2) \\ + M_C \cdot (n^2 + \nu) \cdot l_2 = - n^2 \cdot (k_A \cdot l_1 + k_C \cdot l_2) \end{aligned}}$$

(II) Hauptgleichung.

k_A und k_C sind die bekannten Kreuzlinienabschnitte [11]) der gegebenen äußeren Belastung bezüglich der Punkte A und C. Wie schon erläutert, kann ν positiv, Null und negativ sein, für $\nu = 0$ erhält man den Sonderfall der Clapeyronschen Dreimomentengleichung, da dann durch n^2 gekürzt werden kann. Die Gleichung (II) gilt also ganz allgemein.

Es wird nun ein leichtes sein, auf Grund der Gleichung (II) Beziehungen zwischen den beiden Grundwerten n und μ abzuleiten.

Beziehungen zwischen den Grundwerten n und μ des Fließbereiches.

Der Gedankengang für die weitere Rechnung ist nun folgender: Nachdem durch die Grundgleichung (II) der Zusammenhang zwischen drei aufeinanderfolgenden Stützenmomenten eines Durchlaufträgers und den Größen n und ν ausgedrückt ist, braucht man nur für spezielle Fälle von Tragsystemen und Belastungen die bekannten Werte der Momente (vgl. II. Kapitel) für den Fall des Ausgleiches zwischen Stützen- und Feldmoment in (II) einzusetzen, um auf diese Weise eine Beziehung zwischen den beiden Größen n und ν, d. h. ν als Funktion von n, zu erhalten, und da nach Hauptgleichung (I)

$$\text{(I a)} \qquad \mu = \frac{1}{\nu + 1}$$

ist, kann man somit auch den Plastizitätsfaktor μ als Funktion der die Länge des Fließbereiches festlegenden Verhältniszahl n ausdrücken und in Form von Kurven (Ausgleichskurven) auftragen.

Für eine große Anzahl von Systemen und Belastungsfällen sind diese Ausgleichskurven im III. und IV. Kapitel berechnet und dargestellt worden.

Hier sollen zunächst nur die allgemeinen Gleichungen für zwei Öffnungen beliebiger Spannweiten und für drei Öffnungen mit gleichen (symmetrischen) Endfeldern und symmetrischer, im übrigen beliebiger Belastung angeschrieben werden, da fast alle Spezialfälle auf diese beiden Fälle zurückgeführt werden können.

A. Balken mit zwei Feldern (A—B—C) und beliebiger Belastung; Spannweiten l_1 und l_2.

Setzt man in der Hauptgleichung (II)

$$M_A = M_C = 0\,,$$

so ergibt sich:

$$M_B \cdot [2n^2 + (3n - 1) \cdot \nu] \cdot (l_1 + l_2) + n^2 \cdot (k_A \cdot l_1 + k_C \cdot l_2) = 0\,.$$

Da ν nur in der 1. Potenz, n hingegen im Quadrat vorkommt, wird nach ν aufgelöst, und man erhält:

$$\text{(III)} \qquad \nu = -\frac{n^2}{3n - 1} \cdot \frac{(2M_B + k_A) \cdot l_1 + (2M_B + k_C) \cdot l_2}{M_B \cdot (l_1 + l_2)}$$

Sonderfall:

$$l_1 = l_2 = l$$

$$\text{(III a)} \qquad \nu = -\frac{n^2}{3n - 1} \cdot \left(2 + \frac{k_A + k_C}{2M_B}\right)$$

B. Balken mit drei Feldern (A—B—C—D); Spannweiten der gleichen Endfelder l_1, Spannweite des Mittelfeldes l_2, beliebige symmetrische Belastung.

$$M_A = M_D = 0; \qquad M_B = M_C\,.$$

Entsprechend Gleichung (II):

$$M_B \cdot [2n^2 + (3n - 1) \cdot \nu] \cdot (l_1 + l_2) + M_B \cdot (n^2 + \nu) \cdot l_2 + n^2 \cdot (k_A \cdot l_1 + k_C \cdot l_2) = 0\,.$$

Nach ν aufgelöst:

$$\text{(IV)} \qquad \nu = -\frac{n^2 \cdot [(2M_B + k_A) \cdot l_1 + (3M_B + k_C) \cdot l_2]}{M_B \cdot [3n\,(l_1 + l_2) - l_1]}$$

Sonderfall: $l_1 = l_2 = l.$

$$\text{(IV a)} \qquad \nu = -\frac{n^2}{6n-1} \cdot \left(5 + \frac{k_A + k_C}{M_B}\right)$$

Für einen gegebenen Belastungsfall sind die Werte für das Stützenmoment M_B im Falle des Momentenausgleichs und ferner die Kreuzlinienabschnitte [11]) k_A und k_C bekannt und daher gemäß (III) bzw. (IV) ν als Funktion von n ausdrückbar. Im folgenden Kapitel werden diese Momentenwerte $M_B = M_S$ für die wichtigsten Fälle unter Voraussetzung des Ausgleichs zwischen Stütze und Feld berechnet.

II. Kapitel.

Ermittlung der Momente durchlaufender Träger und einfacher Rahmen für verschiedene Belastungsfälle unter der Voraussetzung des Momentenausgleichs zwischen Stützen- und Feldmomenten.

Es ist für jeden Belastungsfall zu unterscheiden zwischen dem Ausgleich in einem Endfeld und jenem in einem Mittelfeld eines Durchlaufsystems. Während für den Fall des Ausgleichs im Mittelfeld sich der Momentenwert einfach durch Halbierung des Größt-Moments des einfachen Balkens ergibt, bedarf der Ausgleich im Endfeld besonderer Untersuchung.

Fall 1.

Gleichmäßig verteilte Vollbelastung q.

a) Ausgleich im Endfeld (Abb. 7).

$M_F = M_S$ (absolut)

$$M_F = -M_S \cdot \frac{x_0}{l} + \frac{1}{2} q x_0 \cdot (l - x_0) = M_S$$

$$M_F = A x_0 - \frac{q x_0^2}{2} \quad x_0 = \frac{A}{q}$$

$$M_F = q x_0^2 - \frac{q x_0^2}{2} = \frac{q x_0^2}{2} = M_S .$$

Dieser Wert von M_S wird oben eingesetzt.

$$-\frac{q x_0^2}{2} \cdot \frac{x_0}{l} + \frac{1}{2} q x_0 (l - x_0) = \frac{q x_0^2}{2} .$$

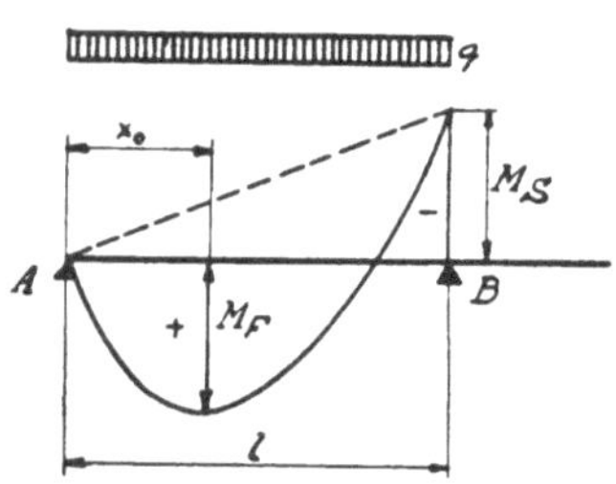

Abb. 7.

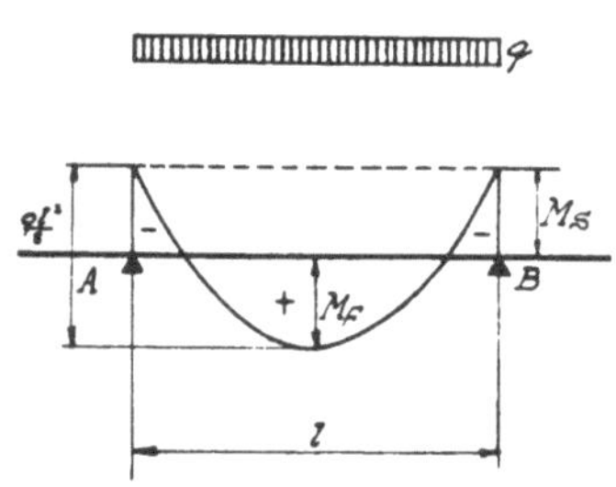

Abb. 8.

Dies ist eine Bestimmungsgleichung für x_0, den Abstand des gefährlichen Querschnitts von A.

Nach Kürzung durch q und x_0 (die Lösung $x_0 = 0$ kommt nicht in Betracht) erhält man:

$$(1) \qquad x_0^2 - 2\,l \cdot x_0 - l^2 = 0$$

und hieraus:

$$(2) \qquad x_0 = l \cdot (\sqrt{2} - 1) = 0{,}414 \cdot l$$

Somit ist:

$$(3) \qquad M_F = -\,M_S = \frac{1}{2}\,q x_0^2 = \frac{1}{2}\,q \cdot (0{,}414\,l)^2 = 0{,}0855\,ql^2 = \frac{1}{11{,}7} \cdot ql^2$$

Dies ist der Wert des Stützen- bzw. Feldmoments für den Fall des Momentenausgleichs in einem Endfeld eines durchlaufenden Tragwerks[12]).

b) Ausgleich im Mittelfeld (Abb. 8)[12]).

$$(4) \qquad M_F = -\,M_S = \frac{1}{2} \cdot 0{,}125\,ql^2 = 0{,}0625\,q\,l^2 = \frac{1}{16}\,q\,l^2$$

Fall 2.

Einzellasten in Feldmitte. (Q)

a) Ausgleich im Endfeld (Abb. 9).

$M_F = M_S$ (absolut)

$$\frac{M_S}{2} + M_S = \frac{Ql}{4}$$

$$(5) \qquad M_F = -\,M_S = \frac{2}{3} \cdot \frac{Ql}{4} = \frac{Ql}{6}$$

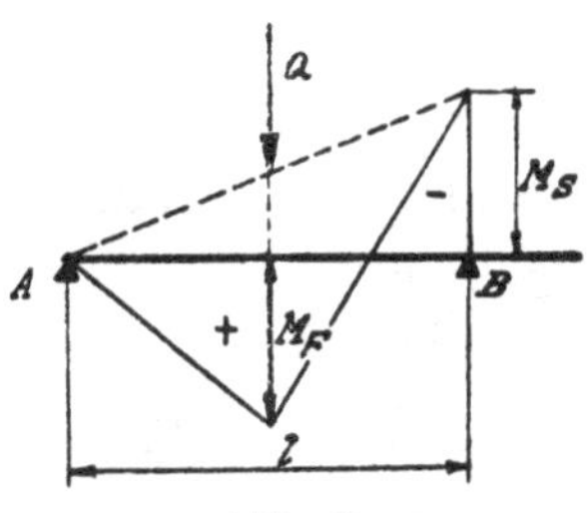

Abb. 9.

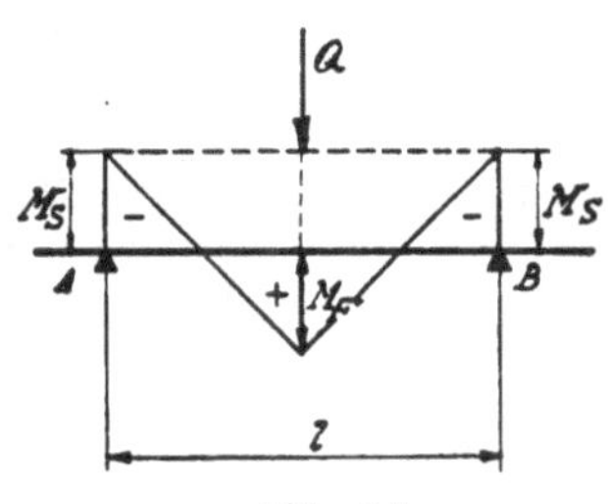

Abb. 10.

b) Ausgleich im Mittelfeld (s. Abb. 10).

$$(6) \qquad M_F = -\,M_S = \frac{1}{2} \cdot \frac{Ql}{4} = \frac{Ql}{8}$$

Fall 3.
Gleiche Einzellasten in den Drittelspunkten.

a) Ausgleich im Endfeld (s. Abb. 11).

$M_F = M_S$ (absolut)

$$\frac{M_S}{3} + M_S = \frac{Ql}{3}$$

(7) $$M_F = - M_S = \frac{3}{4} \cdot \frac{Ql}{3} = \frac{Ql}{4}$$

b) Ausgleich im Mittelfeld (s. Abb. 12).

(8) $$M_F = - M_S = \frac{1}{2} \frac{Ql}{3} = \frac{Ql}{6}$$

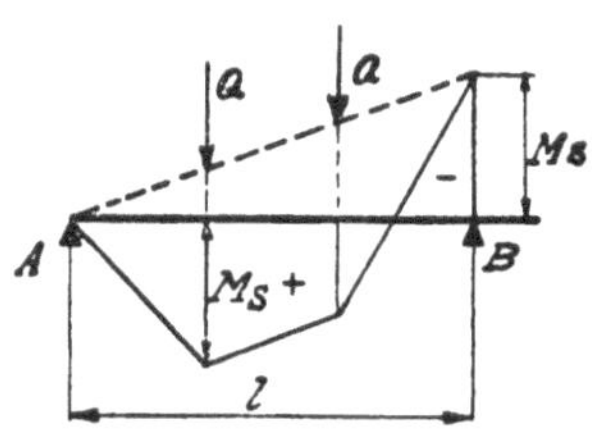

Abb. 11.

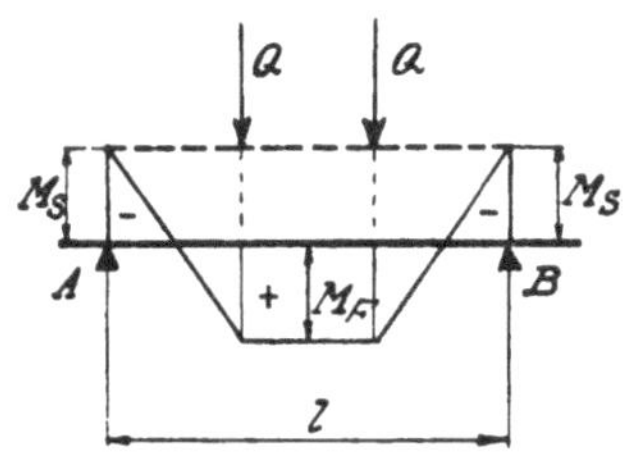

Abb. 12.

Fall 4.
Zwei gleiche Einzellasten in symmetrischer Stellung.

a) Ausgleich im Endfeld (s. Abb. 13).

$M_F = M_S$ (absolut)

$$M_S + \frac{M_S}{l} \cdot a = Q \cdot a$$

$$M_S \cdot \frac{l + a}{l} = Q \cdot a$$

(9) $$M_F = - M_S = \frac{Q \cdot a \cdot l}{l + a}$$

b) Ausgleich im Mittelfeld (s. Abb. 14).

(10) $$M_F = - M_S = \frac{Q \cdot a}{2}$$

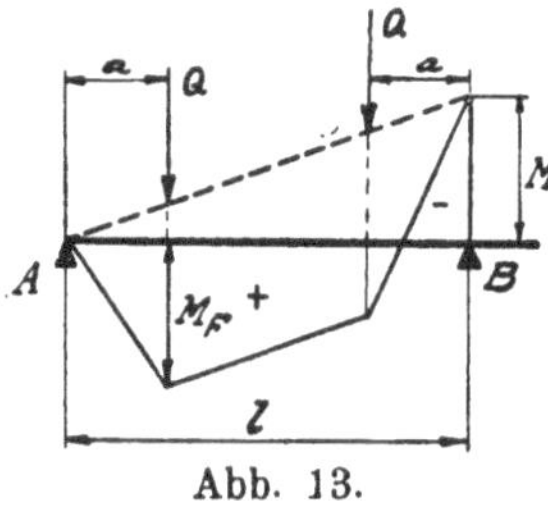

Abb. 13.

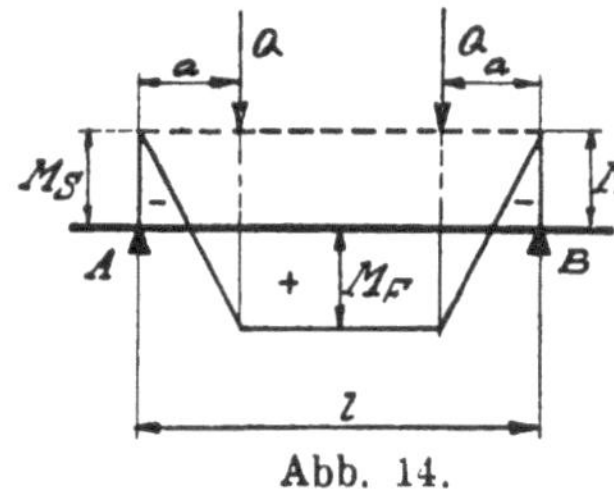

Abb. 14.

Fall 5.

Gleiche Einzellasten in den Viertelspunkten.

a) Ausgleich im Endfeld (Abb. 15).

$M_F = M_S$ (absolut)

$$\frac{M_S}{2} + M_S = \frac{Ql}{2}$$

(11) $$M_F = - M_S = \frac{Ql}{3}$$

b) Ausgleich im Mittelfeld (s. Abb. 16).

(12) $$M_F = - M_S = \frac{1}{2}\frac{Q \cdot l}{2} = \frac{Ql}{4}$$

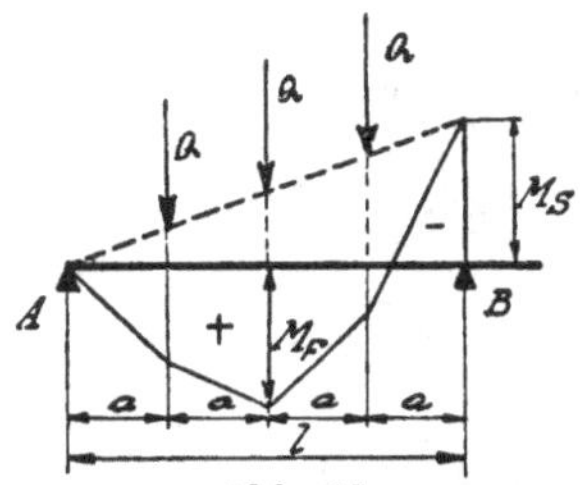

Abb. 15.

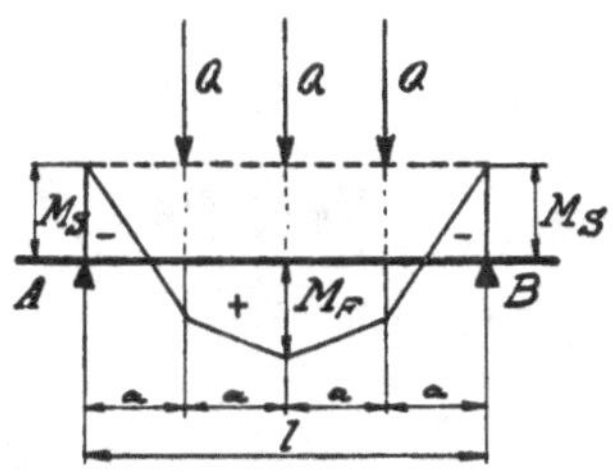

Abb. 16.

Fall 6.

Eine Einzellast in beliebiger Stellung.

a) Ausgleich im Endfeld (s. Abb. 17).

$$M_F = - M_S$$

$$M_S \cdot \frac{a}{l} + M_S = \frac{Qab}{l}$$

(13) $$M_F = - M_S = \frac{Qa \cdot b}{a + l}$$

Oder mit $\frac{a}{l} = \alpha$

(13 a) $$M_F = - M_S = \frac{Ql \cdot \alpha (1 - \alpha)}{1 + \alpha}$$

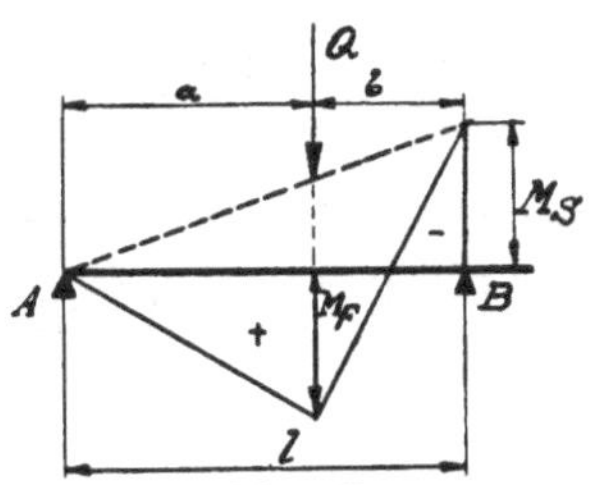

Abb. 17.

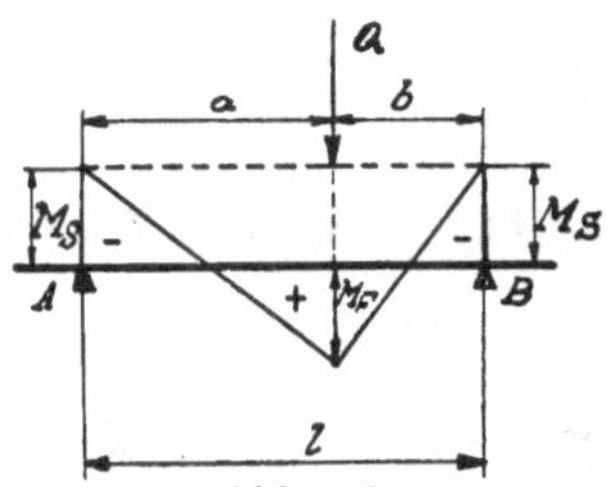

Abb. 18.

b) Ausgleich im Mittelfeld (s. Abb. 18).

(14) $$M_F = -M_S = \frac{Qab}{2l}$$

Oder mit $\frac{a}{l} = \alpha$

(14 a) $$M_F = -M_S = \frac{Ql \cdot \alpha(1-\alpha)}{2}$$

Fall 7.

Gleichmäßig verteilte Streckenbelastung in beliebiger Stellung.

a) Ausgleich im Endfeld (s. Abb. 19).

$M_F = M_S$ (absolut)

(15) $$M_S \cdot \frac{x_0}{l} + M_S = M_{0x}$$

$$M_F = M_S = A \cdot x_0 - q\frac{(x_0-a)^2}{2}.$$

Hierin ist $A = q \cdot (x_0 - a)$.
Somit

(16) $$M_F = M_S = \frac{q}{2} \cdot (x_0^2 - a^2).$$

Ferner ist

(17) $$M_{0x} = A_0 \cdot x_0 - \frac{q(x_0-a)^2}{2}, \text{ worin } A_0 = \frac{qb\left(\frac{b}{2}+c\right)}{l}$$

$$M_{0x} = \frac{qb\left(\frac{b}{2}+c\right)}{l} \cdot x_0 - \frac{q(x_0-a)^2}{2}.$$

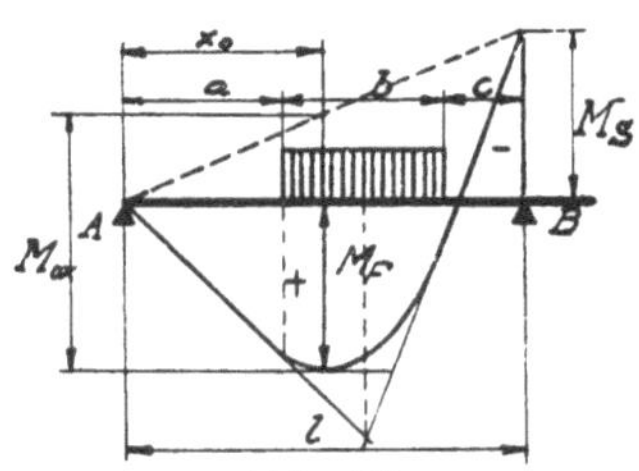

Abb. 19.

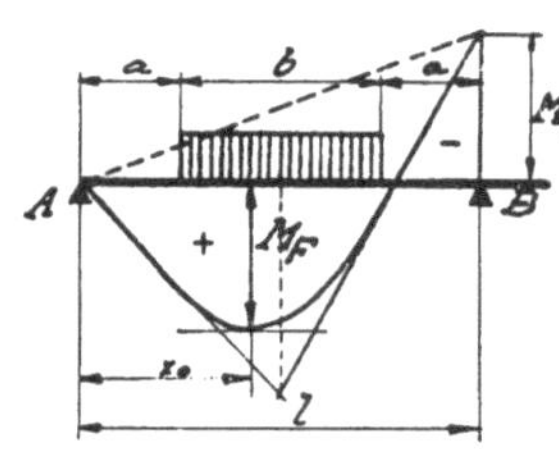

Abb. 20.

Die Werte für M_S und M_{0x} aus (16) bzw. (17) in (15) eingesetzt, liefert:

(15 a) $$\frac{q}{2}(x_0^2 - a^2) \cdot (x_0 + l) = qb\left(\frac{b}{2}+c\right) \cdot x_0 - \frac{q(x_0-a)^2 \cdot l}{2}.$$

Dies ist eine Bestimmungsgleichung für x_0, den Abstand des gefährlichen Querschnitts von A. Nach entsprechender Umformung und Kürzung erhält man die quadratische Gleichung:

$$x_0^2 + 2lx_0 - (3a^2 + b^2 + 2ab + 2bc + 2ac) = 0$$

und

$$(18) \qquad x_0 = -l + \sqrt{l^2 + 3a^2 + b^2 + 2ab + 2bc + 2ac}\,.$$

Durch Einsetzen dieses Wertes von x_0 in Gleichung (16) ergibt sich:

$$M_F = -M_S$$

$$= \frac{q}{2}[2l^2 + 2a^2 + b^2 + 2ab + 2bc + 2ac$$

$$(19) \qquad - 2l \cdot \sqrt{l^2 + 3a^2 + b^2 + 2ab + 2bc + 2ac}]\,.$$

Sonderfall: Die Streckenbelastung steht symmetrisch im Balkenfeld, also $a = c$ (s. Abb. 20). Dann ist

$$x_0 = -l + \sqrt{l^2 + 5a^2 + 4ab + b^2}$$

oder, da $l = 2a + b$

$$(18\,a) \qquad x_0 = -l + \sqrt{9a^2 + 8ab + 2b^2} = -l + \sqrt{2l^2 + a^2}$$

und nach (16):

$$(19\,a) \qquad M_F = -M_S = \frac{q}{2} \cdot [3l^2 - 2l \cdot \sqrt{2l^2 + a^2}]\,.$$

Mit $a = o$ ergeben sich aus (18a) und (19a) die Gleichungen (2) und (3) für gleichmäßig verteilte Vollbelastung.

b) Ausgleich im Mittelfeld (s. Abb. 21).

$$x_0 = \frac{A}{q} + a, \; A = \frac{qb(b + 2c)}{2l}\,.$$

Entsprechend Gleichung (16) ist:

$$M_{0\,\max} = \frac{q}{2}(x_0^2 - a^2)$$

und

$$(20) \qquad M_F = -M_S = \frac{1}{2} \cdot M_{0\,\max} = \frac{qb(b + 2c)}{16l^2}[b(b + 2c) + 4al]\,.$$

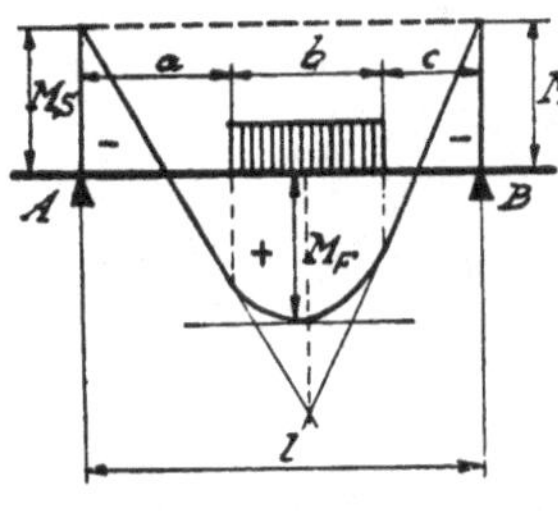

Abb. 21.

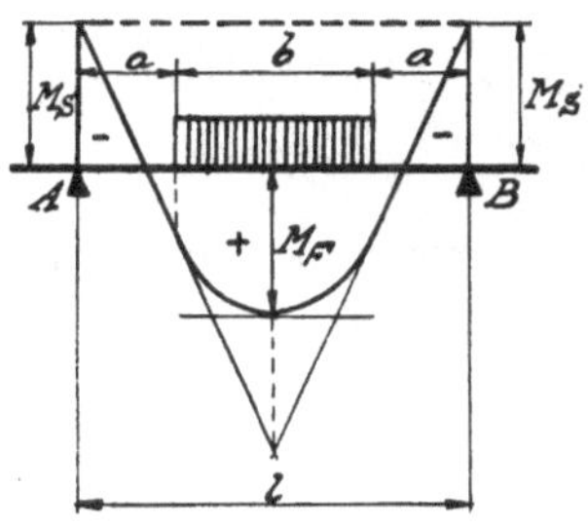

Abb. 22.

Sonderfall: Symmetrische Streckenbelastung ($a = c$) (s. Abb. 22)

$$M_F = -M_S = \frac{1}{2} \cdot M_{0\,\max} = \frac{q}{16} \cdot (l^2 - 4a^2) \tag{21}$$

Fall 8.

Dreiecksbelastung.

a) Ausgleich im Endfeld (s. Abb. 23).

$$M_S \cdot \frac{x_0}{l} + M_S = M_{0x}$$

$$M_S \cdot (x_0 + l) = M_{0x} \cdot l\,. \tag{22}$$

Werden M_S und M_{0x} wieder durch x_0 ausgedrückt, so erhält man hierdurch eine Bestimmungsgleichung für x_0.

Es ist $-M_S = M_F = A \cdot x_0 - \frac{q x_0^3}{6l}$

und mit $A = \frac{q x_0^2}{2l}$

$$M_F = \frac{q x_0^3}{3l} = M_S \text{ (absolut)} \tag{23}$$

Ferner ist

$$M_{0x} = A_0 \cdot x_0 - \frac{q x_0^3}{6l}\,, \text{ worin}$$

$$A_0 = \frac{1}{6} q l \text{ und somit: } M_{0x} = \frac{q x_0}{6l}(l^2 - x_0^2)\,. \tag{24}$$

Man findet also die Bestimmungsgleichung für x_0 durch Einsetzen von (23) und (24) in (22).

$$\frac{q x_0^3}{3l} \cdot (x_0 + l) = \frac{q x_0}{6l} \cdot (l^2 - x_0^2) \cdot l\,.$$

Nach Kürzung durch $q x_0$ (die Lösung $x_0 = o$ ist bedeutungslos) und Ordnen der Glieder ergibt sich die Gleichung 3. Grades für x_0:

$$2x_0^3 + 3l x_0^2 - l^3 = o \tag{25}$$

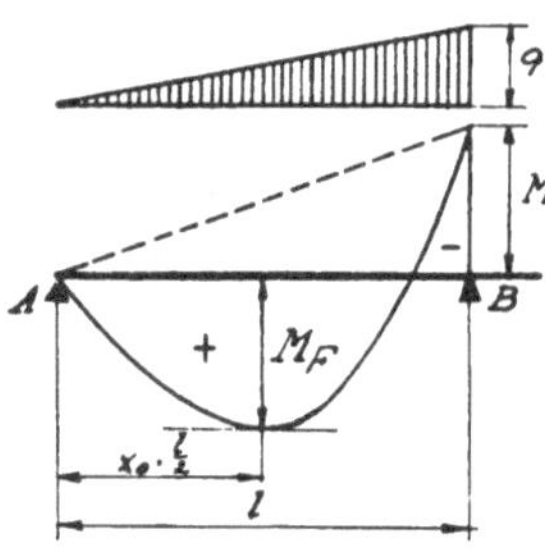

Abb. 23.

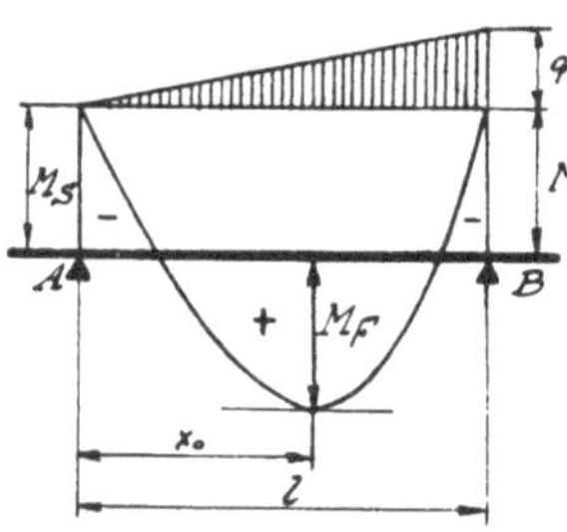

Abb. 24.

oder mit $\frac{x_0}{l} = \xi_0$:

(25a) $$2.\,\xi_0^3 + 3.\,\xi_0^2 - 1 = o\,.$$

Durch Probieren findet sich leicht die Lösung: $\xi_0 = 0{,}50$

oder $x_0 = \frac{1}{2} \cdot l$

d. h. Der gefährliche Querschnitt liegt hier genau in Balkenmitte. Nach Gleichung (23) ist demnach

(26) $$-M_S = M_F = \frac{q}{3l} \cdot \left(\frac{1}{2}\,l\right)^3 = \frac{1}{24}\,ql^2 = 0{,}0417\,ql^2\,.$$

b) Ausgleich im Mittelfeld (s. Abb. 24).

$$x_0 = \frac{l}{\sqrt{3}} = 0{,}577 \cdot l;\; M_{0x} = 0{,}064 \cdot ql^2$$

(27) $$-M_S = M_F = \frac{1}{2} \cdot M_{0x} = 0{,}032\,ql^2\,.$$

Fall 9.

A. Gleiche Einzellasten in den m-tels-Punkten, wobei m eine ungerade Zahl ist (Abb. 25 a).

a) Ausgleich im Endfeld.

Da der gefährliche Querschnitt unmittelbar links von der Mitte liegt, erhält man die Beziehung:

$$M_S \cdot \frac{m-1}{2m} + M_S = \frac{Ql}{8} \cdot \frac{m^2-1}{m}$$

und hieraus:

(28) $$M_F = -M_S = \frac{Ql}{4} \cdot \left(\frac{m^2-1}{3m-1}\right).$$

b) Ausgleich im Mittelfeld.

28 a) $$M_F = -M_S = \frac{Ql}{16} \cdot \left(\frac{m^2-1}{m}\right).$$

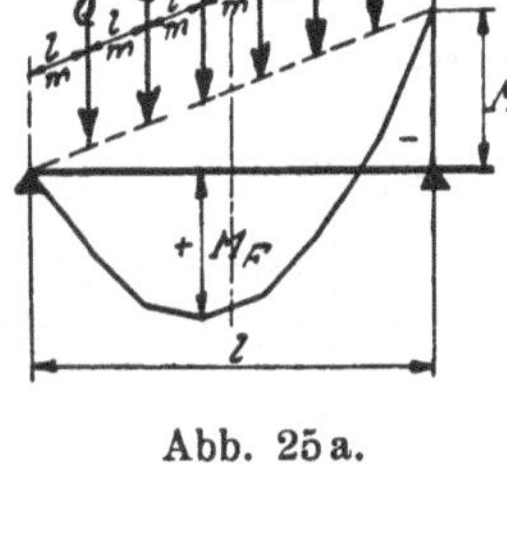

Abb. 25a.

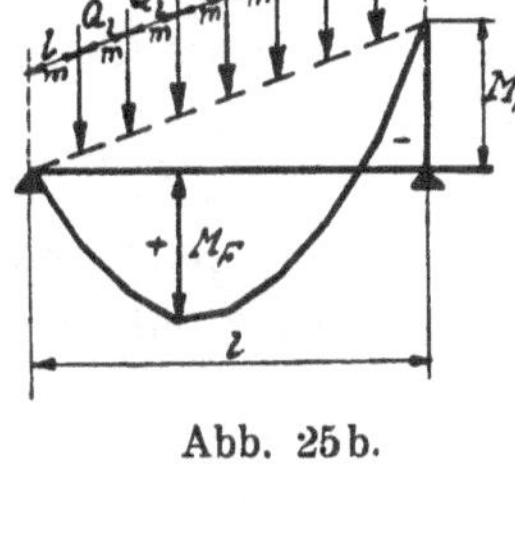

Abb. 25b.

B. Gleiche Einzellasten in den m-tels-Punkten, wobei m eine gerade Zahl ist (Abb. 25b und 26).

a) Ausgleich im Endfeld.

Für $m = 2$ bis $m = 6$ liegt der gefährliche Querschnitt in Balkenmitte, daher:

$$\frac{M_S}{2} + M_S = \frac{Ql}{8} \cdot m, \quad \text{woraus}$$

(29) $$M_F = -M_S = \frac{Ql}{12} \cdot m$$

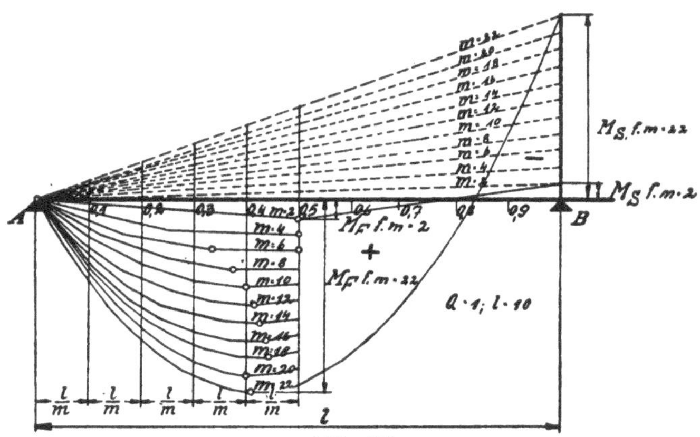

Abb. 26.

Für $m = 8$ bis $m = 18$ liegt das maßgebende Feldmoment unter der Last unmittelbar links von der Mitte, daher:

$$M_S + M_S \cdot \left(\frac{m-2}{2m}\right) = \frac{Ql}{8m} \cdot (m^2 - 4),$$

woraus:

(30) $$M_F = -M_S = \frac{Ql}{4} \cdot \left(\frac{m^2-4}{3m-2}\right)$$

b) Ausgleich im Mittelfeld.

(29 a) $$M_F = -M_S = \frac{Ql}{16} \cdot m.$$

In Abb. 26 ist der Momentenausgleich im Endfeld für $m = 2$ bis $m = 22$ in einer Figur zusammengestellt und die Lage der gefährlichen Querschnitte angedeutet.

Fall 10.

Gruppe von beliebigen Einzellasten in beliebiger Stellung (Abb. 27, 28, 29).

Ausgleich im Endfeld.

Bezeichnet x_0 wieder den Abstand des gefährlichen Querschnittes vom Endauflager und M_{0m} das Balkenmoment an dieser Stelle, so gilt allgemein:

$$M_S \cdot \frac{x_0 + l}{l} = M_{0m},$$

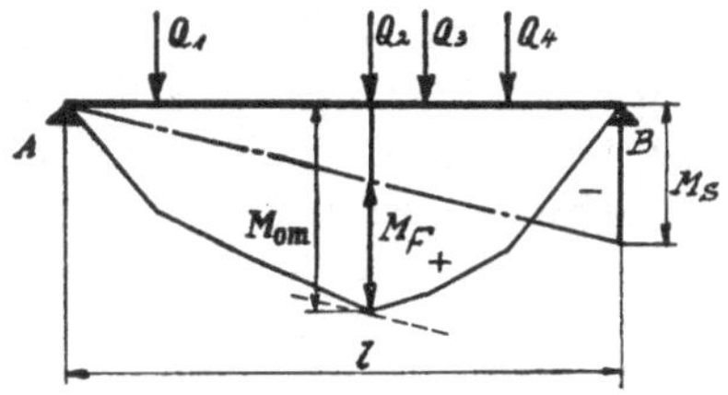

Abb. 27. Graphische Lösung des Momentenausgleichs im Endfeld.

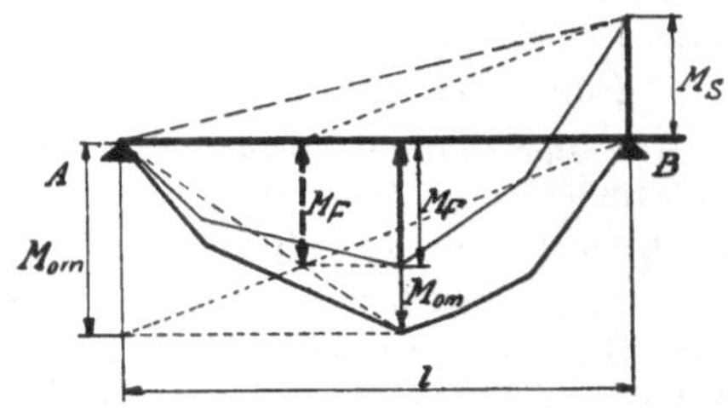

Abb. 29. Graphische Lösung des Momentenausgleichs im Endfeld.

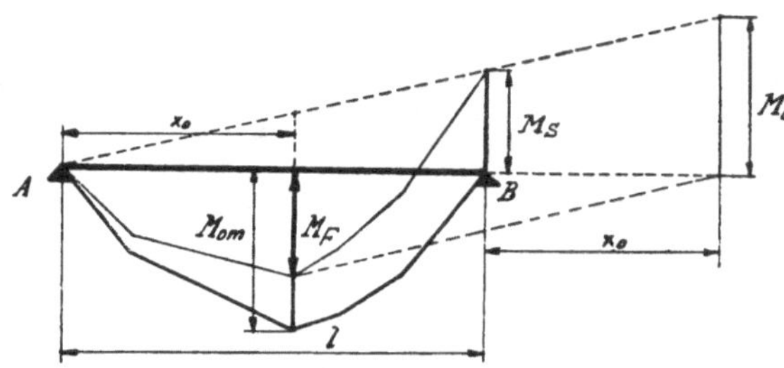

Abb. 28. Graphische Lösung des Momentausgleichs im Endfeld.

woraus

$$(31) \qquad M_S\,(\text{absolut}) = \frac{M_{0m} \cdot l}{x_0 + l} = M_F.$$

Die Lösung erfolgt hier am besten durch Probieren, indem x_0 — als Abstand einer der mittleren Lasten — zunächst angenommen, M_{0m} an dieser Stelle berechnet und hierauf nach (31) das Stützenmoment M_S berechnet wird, wodurch die Schlußlinie festgelegt ist. Hierauf wird das M_0-Polygon von der Schlußlinie abgetragen und nachgeprüft, ob der angenommene Abstand x_0 tatsächlich das größte positive Feldmoment liefert. Ist dies nicht der Fall, so muß das Verfahren mit einem benachbarten Querschnitt wiederholt werden, solange bis das angenommene x_0 auch das positive Maximum liefert.

Die Abb. 27—29 zeigen 3 einfache graphische Lösungen vorstehender Aufgabe.

In Abb. 27 ist die Schlußlinie unmittelbar durch Probieren so eingezeichnet, daß die beiden maßgebenden Momente (+ und —) gleich werden.

In Abb. 28 ist das angenommene x_0 von B nach rechts und in diesem Endpunkt M_{0m} als Ordinate (lotrecht) abgetragen. Verbindet man den Endpunkt dieser Ordinate mit A, so erhält man die Schlußlinie.

In Abb. 29 ergibt sich M_F als Schnittpunkt zweier sich kreuzender Geraden, nämlich der Verbindung von A nach dem Endpunkt von M_{0m} im M_0-Polygon mit der Verbindung von B nach dem Endpunkt der Ordinate M_{0m}, von A aus abgetragen. In allen Fällen ist das Verfahren zu wiederholen, wenn das gefundene M_F noch nicht das Maximum ist.

Für einen Zug von beweglichen Einzellasten (Brückenbau) ist das Maximum der maximalen Feldmomente aufzusuchen, indem für verschiedene Stellungen des Zuges der Momenten-Ausgleich durchgeführt und der Größtwert aller so gefundenen Momente M_F ermittelt wird.

Im folgenden Kapitel werden die hier ermittelten Werte für M_S mit den Werten M_B der Grundgleichungen des I. Kapitels identifiziert.

III. Kapitel.

Berechnung der Ausgleichskurven (Beziehung zwischen den Grundwerten μ und n) für die einzelnen Tragsysteme und Belastungsfälle von Durchlaufbalken.

Nachdem im I. Kapitel die allgemeine Beziehung zwischen den Grundwerten:

$$\mu = \text{Plastizitätsfaktor}$$

bzw. $\nu = \frac{1}{\mu} - 1 = \text{Hilfswert}$

und n = Verhältniszahl zur Festlegung des Plastizitätsbereiches $\frac{l}{n}$ durch die Hauptgleichungen (II), (III) und (IV) aufgestellt worden ist, sollen nunmehr für spezielle Fälle der wichtigsten Systeme und Lastfälle die Ausgleichskurven berechnet werden. Es wird dabei so verfahren, daß nur die Gleichung für

$$\nu \text{ als Funktion von } n$$

für den Einzelfall ermittelt wird und hierauf aus den Zahlenwerten von ν die Zahlenwerte von μ gefunden und beide in Form von Kurven (Abb. 30 bis 55) aufgetragen werden.

In diesen Kurven — sie sollen Ausgleichskurven genannt werden — ist die Kurve (Gerade)

$$\mu = 1, \quad \nu = 0,$$

sofern diese in dem betreffenden Fall überhaupt in Erscheinung tritt, durch eine stark ausgezogene Linie gekennzeichnet; sie gibt nach früherem das besonders wirtschaftliche und günstige System des natürlichen Ausgleichs.

Aber auch diejenigen Kurven, die diesem Idealfalle beiderseits benachbart liegen, entsprechen noch insofern recht vorteilhaften Systemen, als bei bei ihnen die Plastizität des Materials nur in geringem Maße in Anspruch genommen wird, also zuverlässig mit ihr gerechnet werden kann. Wie noch im letzten Kapitel an Hand von Beispielen gezeigt wird, setzen daher diese Kurvenbilder den Statiker in die Lage, diejenigen Systeme zu wählen, die genau oder wenigstens näherungsweise den natürlichen Momentenausgleich liefern. Zum besseren zahlenmäßigen Vergleichen der Werte dienen die für die einzelnen Fälle zusammengestellten kleinen Tabellen der ν- (bzw. μ-)Zahlenwerte für $n = 3$ bis 5 und $n = 10$.

Fall 1.

Balken über zwei gleichen Öffnungen mit gleichmäßig verteilter Belastung q (Abb. 30 a).

Wir setzen in Gleichung (IIIa):

$$k_A = k_C = 0{,}250 \cdot ql^2$$

M_B (gemäß Gleichung 3) $= -0{,}0855\, ql^2$
(Ausgleich im Endfeld) und erhalten:

$$(32) \qquad \nu = -\frac{n^2}{3n-1} \cdot \frac{4M_B + 0{,}500\, ql^2}{2M_B} = +0{,}925 \frac{n^2}{3n-1}$$

Da ν positiv ist, liegt demnach der Fall vor: „Fließgebiet über die Stütze". Gleichung (32) ist die Gleichung einer Hyperbel, die für $n = {}^1/_3$, $\nu =$ unendlich liefert, also hier eine lotrechte Asymptote besitzt.

Für größere Werte von n — und solche kommen allein in Frage (vgl. die Darlegungen auf Seite 14) kann die obige Hyperbel durch die Gerade

$$(32\text{a}) \qquad \nu = 0{,}308\, n + 0{,}103$$

genügend genau ersetzt werden, indem die bei der Ausführung der Division durch den Nenner von (32) sich ergebenden Glieder mit $\frac{1}{n}$, $\frac{1}{n^2}$ usw. vernachlässigt werden.

Diese ν-Kurve ist in Abb. 30, ebenso wie die zugehörige μ-Kurve im rechtwinkligen Koordinatensystem aufgetragen. Da sich für $n = 0$ $\nu = 0$

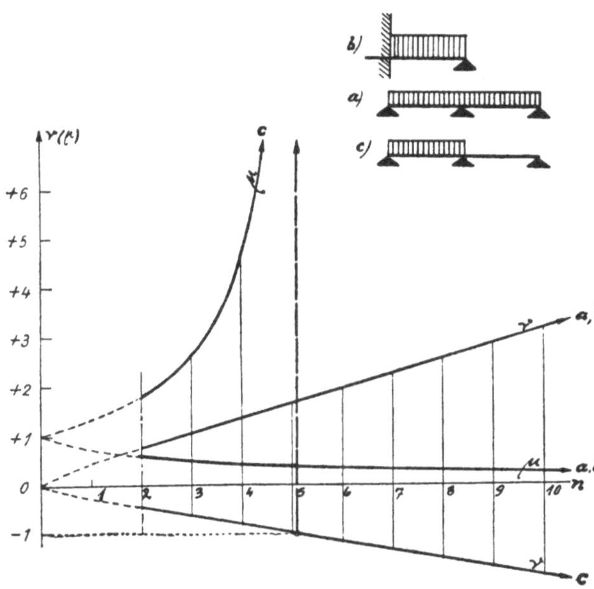

Abb. 30. Ausgleichskurven für die Fälle 1, 2 u. 3.

ergibt, ist — vgl. das gestrichelte linke Ende der Kurve — diese einfach durch den Ursprung hindurch gezeichnet. In Wirklichkeit liegt, wie erwähnt, zwischen $n = 0$ und $n = 1$ die lotrechte Asymptote der Hyperbel und der Ursprung gehört dem zweiten Ast derselben an.

Zahlenwerte.

$n =$	$\nu =$	$\mu =$
3	1,041	0,490
4	1,345	0,426
5	1,650	0,377
10	3,183	0,239

Im Vergleich mit den noch folgenden muß dieses System daher als nicht günstig für den Ausgleich der Momente bezeichnet werden.

Fall 2.

Einseitig eingespannter, andererseits frei aufliegender Balken mit gleichmäßig verteilter Belastung (Abb. 30 b).

Man erhält aus der Grundgleichung (III) mit

$$l_1 = 0, \quad l_2 = l, \quad k_A = 0, \quad k_C = 0{,}250\, ql^2$$

und $M_B = -\,0{,}0855\, ql^2$ (Ausgleich im Endfeld):

$$\nu = -\frac{n^2}{3n-1} \cdot \frac{2M_B + 0{,}250\, ql^2}{M_B} = +\,0{,}925 \cdot \frac{n^2}{3n-1}\,.$$

Diese Beziehung ist identisch mit Gleichung (32) und es gelten daher die gleichen Kurven wie im Falle 1.

Fall 3.

Balken über 2 gleichen Öffnungen, 1 Feld gleichmäßig belastet (q), das 2. Feld unbelastet (Abb. 30 c).

$$l_1 = l_2 = l; \quad k_A = 0, \quad k_C = 0{,}250\, ql^2$$

$$M_B = -\,0{,}0855\, ql^2\,.$$

Nach Gleichung (III a) ist:

$$(33) \qquad \nu = -\frac{n^2}{3n-1} \cdot \frac{4M_B + 0{,}250\, ql^2}{2M_B} = -\,0{,}538 \cdot \frac{n^2}{3n-1}\,.$$

Hier ist ν negativ, daher das Plastizitätsgebiet in Feldmitte. Das Feldmoment ist also zunächst größer als das Stützenmoment. Wieder kann man für die ν-Kurve anstatt einer Hyperbel genau genug eine gerade Linie setzen (für größere Werte von n).

$$(33\text{ a}). \qquad \nu = -\,(0{,}179\, n + 0{,}0597)\,.$$

Für $n = 5{,}1$ (vgl. Abb. 30c) wird $\nu = -\,1$ und folglich nach Gleichung (I a) der Plastizitätsfaktor

$$\mu = \frac{1}{\nu + 1} = \infty\,.$$

Bei $n = 5{,}1$ hat die μ-Kurve demnach eine lotrechte Asymptote. Für Werte von n größer als 5,1 wird μ negativ, was praktisch bedeutungslos ist. Man könnte sich also hier den Momentenausgleich durch Einschaltung von sehr starken Eckverstärkungen (Vouten) bewerkstelligt denken; für den Träger von konstantem Querschnitt jedoch wird dieser Belastungsfall nicht günstig sein, weil er von dem natürlichen Ausgleich weit entfernt ist.

Zahlenwerte.

$n =$	$\nu =$	$\mu =$
3	$-0{,}608$	$+2{,}55$
4	$-0{,}785$	$+4{,}65$
5	$-0{,}965$	$+28{,}60$
(10	$-1{,}860$	$-1{,}16$)

Fall 4.

Balken über 3 gleichen Öffnungen mit gleichmäßig verteilter Belastung (Abb. 31).

a) Momentenausgleich im Endfeld.

In Hauptgleichung (IVa) ist einzusetzen:

$$k_A = k_C = 0{,}250\, ql^2$$
$$M_B = -0{,}0855\, ql^2$$

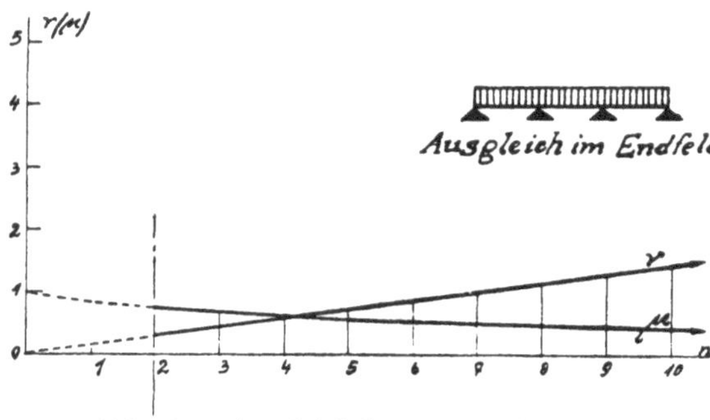

Abb. 31. Ausgleichskurven für Fall 4 a.

Man erhält:

$$(34) \qquad \nu = -\frac{n^2 \cdot (5\, M_B + 0{,}500\, ql^2)}{M_B \cdot (6n - 1)} = +0{,}820 \cdot \frac{n^2}{6n - 1}$$

ν ist positiv, daher das Plastizitätsgebiet über den Zwischenstützen. Wieder deckt sich die durch Gleichung (34) dargestellte Hyperbel für größere Werte von n ($n > 2$) mit der Geraden

$$(34\,\text{a}) \qquad \nu = 0{,}137 \cdot n + 0{,}023\,,$$

deren Gleichung man durch Ausführung der Division in Gleichung (34) und Vernachlässigung aller Glieder vom 3. angefangen erhält. Bei $n = {}^1/_6$

würde, da der Nenner in (34) Null, somit ν unendlich wird, eine lotrechte Asymptote der ν-Kurve liegen; in Abb. 31 ist diese jedoch, da praktisch bedeutungslos, nicht eingezeichnet, sondern die ν-Kurve durch den Ursprung geführt (gestricheltes Ende).

Zahlenwerte.

$n =$	$\nu =$	$\mu =$
3	0,434	0,690
4	0,571	0,635
5	0,706	0,586
10	1,393	0,420

Vergleicht man diese Kurve mit jener für Fall 1 (2 gleiche Öffnungen mit gleichmäßig verteilter Last), so erkennt man, daß der vorliegende Fall dem natürlichen Ausgleich viel näher kommt, denn die ν-Werte sind nicht einmal die Hälfte derer von Fall 1. (Die ν-Kurve hat im Kurvenbild, Abb. 31, eine viel geringere Steigung als in Abb. 30a).

b) Momentenausgleich im Mittelfeld (Abb. 32).

M_B (nach Gleichung 4) $= -0{,}0625\, ql^2$.

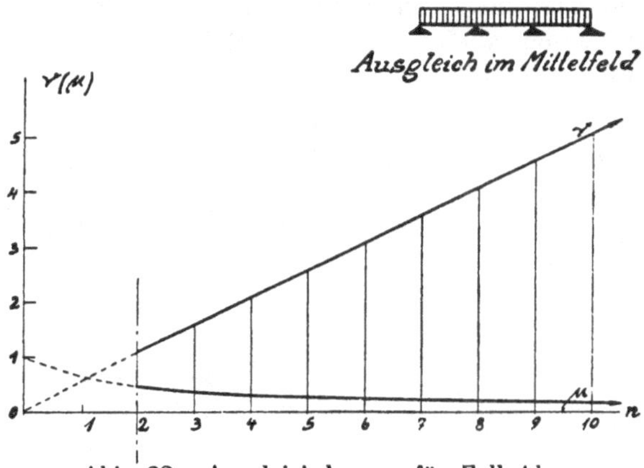

Abb. 32. Ausgleichskurven für Fall 4 b.

Daher gemäß (IVa):

$$\nu = +3{,}0 \cdot \frac{n^2}{6n-1} \tag{35}$$

oder (statt der Hyperbel annähernd die Gerade)

$$\nu = 0{,}500\, n + 0{,}0833 \tag{35a}$$

Fließbereich über der Stütze, da ν positiv.

Zahlenwerte.

$n =$	$\nu =$	$\mu =$
3	1,59	0,384
4	2,09	0,324
5	2,58	0,279
10	5,08	0,165

Aus der starken Ansteigung der ν-Kurve (Abb. 32) in diesem Fall folgt, daß für einen Momentenausgleich im Mittelfeld dreier gleichen Öffnungen die Plastizität sehr stark in Anspruch genommen werden muß, jedenfalls viel stärker als unter gleichen Verhältnissen im Endfeld (Abb. 31) und daß daher dieser Fall entsprechend weit vom natürlichen Ausgleich entfernt ist.

Fall 5.
Beiderseits eingespannter Balken mit gleichmäßig verteilter Last (Abb. 33a).

In (IV) ist einzusetzen:

$$l_1 = 0,\ l_2 = l\,,$$
$$k_A = 0,\ k_C = 0{,}250\, q\, l^2$$
$$M_B = -\ 0{,}0625\, q\, l^2 \text{ (Ausgleich im Mittelfeld).}$$

$$\nu = -\,\frac{n^2 \cdot (3 M_B + 0{,}250\, q\, l^2)}{M_B \cdot 3n} = +\ 0{,}333\, n\ . \tag{36}$$

Hier ist die ν-Kurve nicht nur angenähert, sondern genau eine gerade Linie durch den Ursprung. Im übrigen unterscheidet sich Gleichung (36) von (32a), die für den analogen Belastungsfall des einseitig eingespannten Trägers gilt, nur unwesentlich.

Zahlenwerte.

n	ν	μ
$n = 3$	$\nu = +\ 1{,}000$	$\mu = 0{,}500$
4	$+\ 1{,}333$	0,429
5	$+\ 1{,}667$	0,374
10	$+\ 3{,}333$	0,231

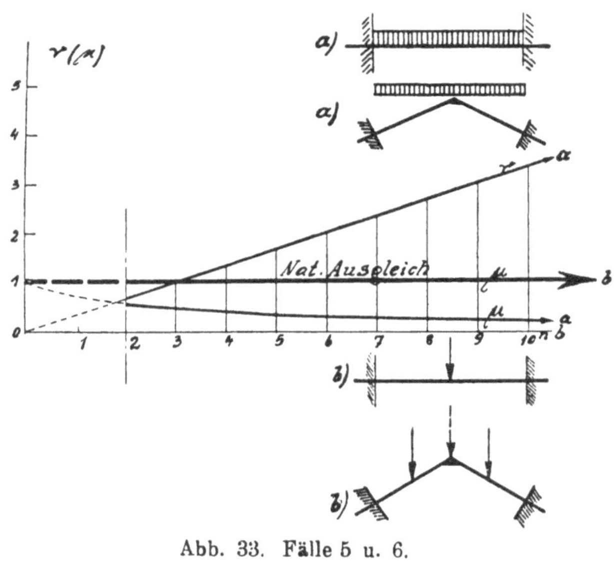

Abb. 33. Fälle 5 u. 6.

Diese ν-Linie ist bedeutend flacher als im Fall 4b. Für den beiderseits eingespannten Träger ist also bei gleichmäßiger Belastung der Ausgleich wesentlich günstiger als für das Mittelfeld von 3 gleichen Öffnungen.

Die Kurven a der Abb. 33 gelten auch ohne weiteres für den dort skizzierten, beiderseits eingespannten, symmetrischen Dreieckrahmen mit gleichmäßiger Belastung, dessen Stäbe wie beiderseits eingespannte Balken zu berechnen sind.

Fall 6.

Beiderseits eingespannter Balken mit Einzellast in Feldmitte.

Für den beiderseits eingespannten Träger mit Einzellast in Feldmitte ergibt sich ebenso wie für den beiderseits eingespannten Dreieckrahmen mit Einzellasten in den Stabmitten — in Abb. 33 unter b dargestellt — der natürliche Momentenausgleich, denn mit

$$l_1 = 0,\ l_2 = l,\ k_A = 0,\ k_C = \frac{3}{8} Ql$$

$M_B = -\frac{1}{8}\,Ql$ (Gleichung 6) liefert Gleichung (IV) für beliebiges n $\nu = 0$, folglich $\mu = 1$.

Fall 7.

Balken über 2 gleichen Öffnungen und mit gleichen Einzellasten (Q) in den Feldmitten (Abb. 34a).

Mit $k_A = k_C = \frac{3}{8} Ql$ und $M_B = -\frac{Ql}{6}$ (Gleichung 5) wird laut Gleichung (III a):

$$(37) \qquad \nu = -\frac{n^2}{3n-1} \cdot \frac{4M_B + \frac{3}{4}Q\,l}{2M_B} = +\,0{,}250 \cdot \frac{n^2}{3n-1}$$

bzw.

$$(37\ \mathrm{a}) \qquad \nu = 0{,}0833\,n + 0{,}0278\,.$$

Diese ν-Kurve folgt also bis auf einen konstanten Faktor dem gleichen Gesetz wie jene im Fall 1, die Zahlenwerte von ν sind jedoch hier nur ein Bruchteil derjenigen von 1, somit liegt dieser Belastungsfall dem natürlichen Ausgleich viel näher.

Zahlenwerte.

$n =$	$\nu =$	$\mu =$
3	+ 0,281	0,781
4	0,374	0,727
5	0,446	0,691
10	0,862	0,536

Fall 8.

Balken über 2 gleichen Öffnungen mit gleichen Einzellasten (Q) in den Drittelspunkten (Abb. 34b).

$$l_1 = l_2 = l, \quad k_A = k_C = \frac{2}{3} Q l$$

$$M_B = -\frac{Ql}{4} \text{ (Gleichung 7)}.$$

(38) Nach (III a): $\nu = -\dfrac{n^2}{3n-1} \cdot \dfrac{4M_B + \frac{4}{3} Q l}{2M_B} = +\dfrac{2}{3} \cdot \dfrac{n^2}{3n-1}$

oder:

(38 a) $\nu = +0{,}222\, n + 0{,}074.$

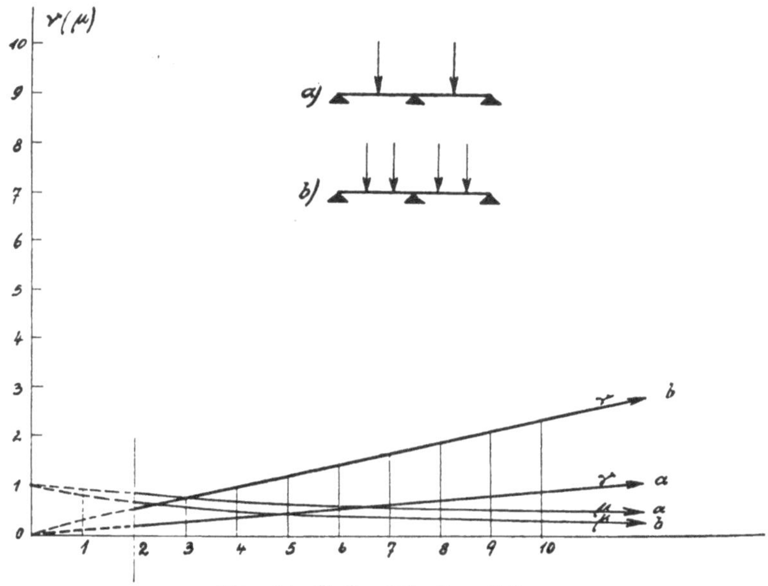

Abb. 34. Balkenfälle 7 und 8

Die vorliegende ν-Kurve und die zugehörige μ-Linie sind in Abb. 34 mit b bezeichnet. Für den Ausgleich ist, wie man sieht, dieser Belastungsfall ungünstiger als der vorige.

Zahlenwerte.

$n =$	$\nu =$	$\mu =$
3	+ 0,750	0,570
4	+ 0,970	0,508
5	+ 1,188	0,456
10	+ 2,295	0,304

Auch hier entsteht, da ν stets positiv ist, das Fließgebiet über der Mittelstütze.

Fall 9.

Balken über 3 gleichen Öffnungen mit gleichen Einzellasten (Q) in den Feldmitten (Abb. 35).

a) Momentenausgleich im Endfeld.

Mit $k_A = k_C = \frac{3}{8} Ql$

$$M_B = -\frac{Ql}{6} \text{ (Gleichung 5) liefert (IV a):}$$

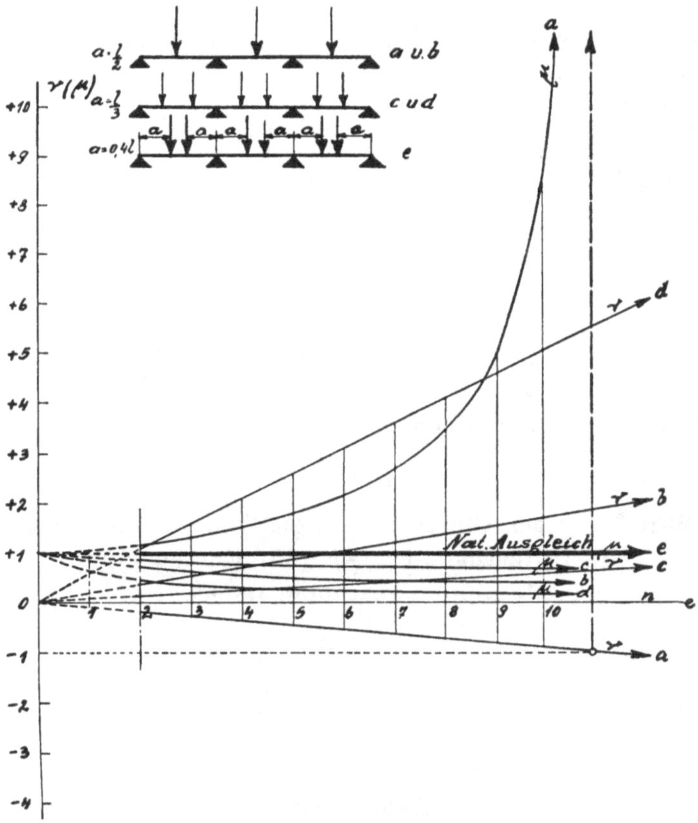

Abb. 35. Balkenfälle 9, 10 und 11.

$$(39) \qquad \nu = -\frac{n^2\left(5 M_B + \frac{3}{4} Ql\right)}{M_B(6n-1)} = -0{,}500 \cdot \frac{n^2}{6n-1}$$

oder (näherungsweise als Gerade)

$$(39\text{ a}) \qquad \nu = -(0{,}0833\, n + 0{,}0139).$$

Zahlenwerte.

$n =$	$\nu =$	$\mu =$
3	$-0{,}265$	1,360
4	$-0{,}348$	1,530
5	$-0{,}431$	1,760
10	$-0{,}874$	7,940

ν ist negativ, d. h. das Fließgebiet in Feldmitte. Die lotrechte Asymptote der μ-Kurve liegt bei $n = 10{,}85$, hier ist $\nu = -1$ und $\mu = \infty$.

b) Ausgleich im Mittelfeld (Abb. 35, Kurve b).

Nunmehr ist in (IVa) für $M_B = -\frac{Ql}{8}$ gemäß Gleichung (6) zu setzen $k_A = k_C$ wie unter a. Daher

(40) $$\nu = +\frac{n^2}{6n-1}.$$

Die zugehörige Geradengleichung ist

(40 a) $$\nu = +0{,}1667\,n + 0{,}0278\,.$$

Zahlenwerte.

$n =$	$\nu =$	$\mu =$
3	$+0530$	0,654
4	$+0{,}696$	0,590
5	$+0{,}861$	0,537
10	$+1{,}694$	0,371

Fließgebiet über der Zwischenstütze.

Fall 10.

Balken über 3 gleichen Öffnungen mit gleichen Einzellasten (Q) in den Drittelspunkten (Abb. 35, Kurven c).

a) Momentenausgleich im Endfeld.

$$k_A = k_C = \frac{2}{3}\,Ql, \quad M_B = -\frac{Ql}{4} \text{ (Gleichung 7)}$$

(41) $$\nu = +\frac{1}{3}\cdot\frac{n^2}{6n-1}$$

(41 a) oder $$\nu = 0.0555\,n + 0{,}0031$$

Zahlenwerte.

$n =$	$\nu =$	$\mu =$
3	$+0{,}177$	0,850
4	$+0{,}232$	0,810
5	$+0{,}287$	0,778
10	$+0{,}565$	0,639

b) Momentenausgleich im Mittelfeld (Abb. 35 d).

$$k_A = k_C = \frac{2}{3}\,Ql$$

$$M_B = -\frac{Ql}{6} \text{ (Gleichung 8)}$$

(35) $$\nu = 3{,}0 \cdot \frac{n^2}{6n-1}$$

(35 a) oder $$\nu = 0{,}500\, n + 0{,}0833\,.$$

Das ist die auch für den Ausgleich im Mittelfeld dreier gleicher Öffnungen für gleichmäßig verteilte Belastung geltende Beziehung (vgl. Fall 4b), so daß die Ausgleichskurven in beiden Fällen die gleichen sind.

Man kann dies auch noch allgemeiner fassen, indem man Gleichung (IVa) in der Form schreibt:

(IVa) anstatt $$\nu = -\frac{n^2}{6n-1} \cdot \left(5 + \frac{k_A + k_C}{M_B}\right),$$

da ja nun $k_A = k_C$

(IV b) $$\nu = -\frac{n^2}{6n-1} \cdot \left(5 + \frac{2 \cdot k_A}{M_B}\right),$$

und es ist klar, daß somit das Verhältnis $\frac{k_A}{M_B}$ allein noch maßgebend ist. Wenn dieses für zwei verschiedene Belastungsfälle das gleiche ist, dann sind auch die ν- (bzw. μ-) Kurven dieselben. Die Gleichungen (35) und (35 a) gelten daher außer für gleichmäßig verteilte Belastung auch für Belastung durch gleiche Einzellasten in den Drittels-, Fünftels- usw. Punkten, allgemein für jede Belastung durch gleiche Einzellasten bei ungerader Teilanzahl und für den Ausgleich im Mittelfeld. Denn es ist allgemein bei gleichen Lastabständen ($l = m \cdot \lambda$), also ($m - 1$)-gleichen Lasten (Q), sofern m eine ungerade Zahl ist:

(Gleichung 28 a) $$M_B = -\frac{Ql}{16}\left(\frac{m^2-1}{m}\right).$$

$$k_A = \frac{Ql}{4} \cdot \left(\frac{m^2-1}{m}\right)$$

Daher $\frac{k_A}{M_B} = -4 =$ konstant, also unabhängig von m.

Somit ist nach Gleichung (IV b) auch ν unabhängig von m. Da aber für beliebig viele gleiche Lasten im Feld (sofern die Teilanzahl ungerade ist), sich immer wieder dieselbe ν-Kurve ergeben muß, muß auch schließlich für gleichmäßig verteilte Last dieselbe Kurve gelten, denn auch für diese gilt (für Ausgleich im Mittelfeld)

$$\frac{k_A}{M_B} = \frac{q l^2/4}{-q l^2/16} = -4\,.$$

Dies ist der allgemeine Beweis für die Übereinstimmung des vorliegenden Falles mit Fall 4 b.

Fall 11.

Balken über 3 gleichen Öffnungen mit je 2 gleichen Einzellasten im Feld in symmetrischer Stellung (Abb. 35 e).

Es wird nur der Ausgleich im Endfeld behandelt.

$$M_B = -\frac{Qal}{l+a} \text{ (Gleichung 9)}$$

$$k_A = k_C = \frac{3Qa(l-a)}{l}$$

$$\frac{2ka}{M_B} = -\frac{6(l^2-a^2)}{l^2}.$$

Daher nach (IV b):

$$\nu = +\frac{n^2(l^2-6a^2)}{(6n-1)\cdot l^2} \text{ oder mit } \frac{a}{l} = \alpha$$

(42)
$$\boxed{\nu = +\frac{n^2}{6n-1}\cdot(1-6\alpha^2)}$$

Je nach der Laststellung kann ν positiv, Null oder negativ werden, für $\alpha = \frac{a}{l} = \frac{1}{2}$ erhält man als Sonderfall Fall 9a und $\nu = -\frac{1}{2}\cdot\frac{n^2}{6n-1}$ (negativ, Gl. 39), für $\alpha = \frac{a}{l} = \frac{1}{3}$ ergibt sich Fall 10a mit $\nu = +\frac{1}{3}\cdot\frac{n^2}{6n-1}$ (positiv, Gl. 41), für

$$1 - 6\alpha^2 = 0$$

$$\text{oder}\quad \alpha = \sqrt{\frac{1}{6}} = 0{,}409 \quad\text{ist}\quad \nu = 0\,.$$

Damit ist der natürliche Ausgleich gefunden und in Abb. 35 mit e bezeichnet und stark ausgezogen dargestellt. Dies ist in vorteilhafter Weise zu verwerten bei Anordnung von Haupt- und Nebenträgern im Deckenbau. Man wird die Nebenträger nicht in den Drittelspunkten, sondern besser bei rund 0,4 der Spannweite beiderseits vom Auflager anordnen und erreicht dadurch den natürlichen Momentenausgleich im Endfeld.

Fall 12.

3 Öffnungen 1 : λ : 1 mit gleichmäßig verteilter Belastung q sämtlicher Felder (Abb. 36).

Gleichzeitiger Momentausgleich im End- und Mittelfeld.

Es soll nun dasjenige Spannweitenverhältnis berechnet werden, das bei drei Öffnungen mit gleichen Endfeldern unter Voraussetzung des Momentenausgleichs gleiche Momente in End- und Mittelfeld liefert.

Für Ausgleich im Endfeld war nach Gleichung (3)

$$M_B = -0{,}0855\, q l_1^2 = -\frac{q l_1^2}{11{,}7},$$

für Ausgleich im Mittelfeld war nach Gleichung (4)

$$M_B = -\,0{,}0625\,ql_2^2 = -\frac{ql_2^2}{16}.$$

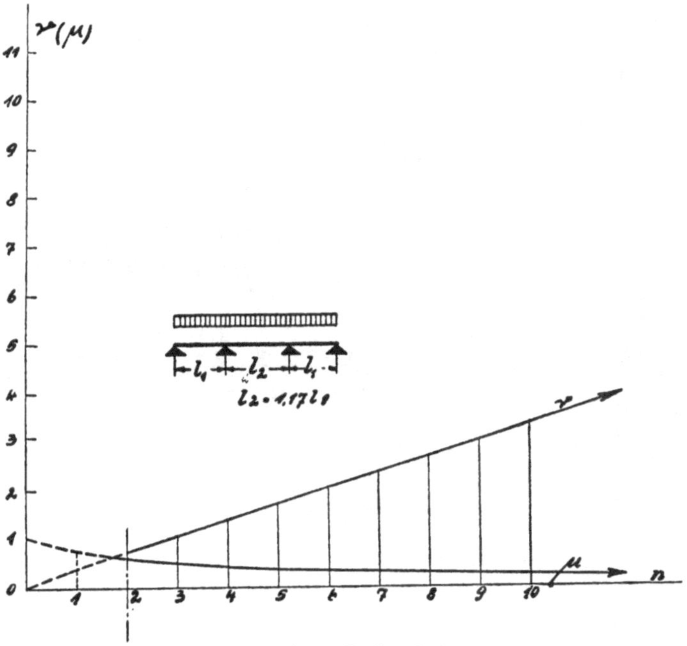

Abb. 36. Balkenfall 12.

Aus der Gleichheit der beiden Momente folgt:

$$l_1 : l_2 = \sqrt{11{,}7} : \sqrt{16} = 1 : 1{,}17$$

(43) $$l_2 = 1{,}17 \cdot l_1.$$

Mit $k_A = 0{,}250 \cdot ql_1^2$ und $k_C = 0{,}250 \cdot ql_2^2$ und $M_B = -\,0{,}0855\,ql_1^2$ findet sich nach (IV) unter Berücksichtigung von (43):

(44) $$\nu = +\frac{2{,}09\,n^2}{6{,}51\,n - 1}.$$

Die Ersatzgerade hat die Gleichung:

(44 a) $$\nu = 0{,}328\,n + 0{,}0503\,,$$

stimmt also bis auf das geringfügige Zusatzglied mit jener für beiderseitige Einspannung (Fall 5) beinahe überein. In wirtschaftlicher Hinsicht wird also ein Spannweitenverhältnis von $1 : 1{,}17 : l$ am vorteilhaftesten sein, weil dann bei gleichmäßiger Last sämtliche drei Momente des Trägers (Endfeld, Mittelfeld, Stützenmoment) absolut gleich groß ausfallen.

Fall 13.

3 Öffnungen 1 : λ : 1 mit gleichen Einzellasten in den Feldmitten. Gleichzeitiger Momentenausgleich im End- und Mittelfeld (Abb. 37a).

Für den Ausgleich im Endfeld war $M_B = -\frac{Ql_1}{6}$ (nach Gl. 5), für jenen im Mittelfeld $M_B = -\frac{Ql_2}{8}$ (nach Gl. 6).

Da beide Momente gleich groß sein sollen, folgt:

$$l_1 : l_2 = 6 : 8 = 1 : 1{,}333$$

(45) $$l_2 = 1{,}333 \cdot l_1 .$$

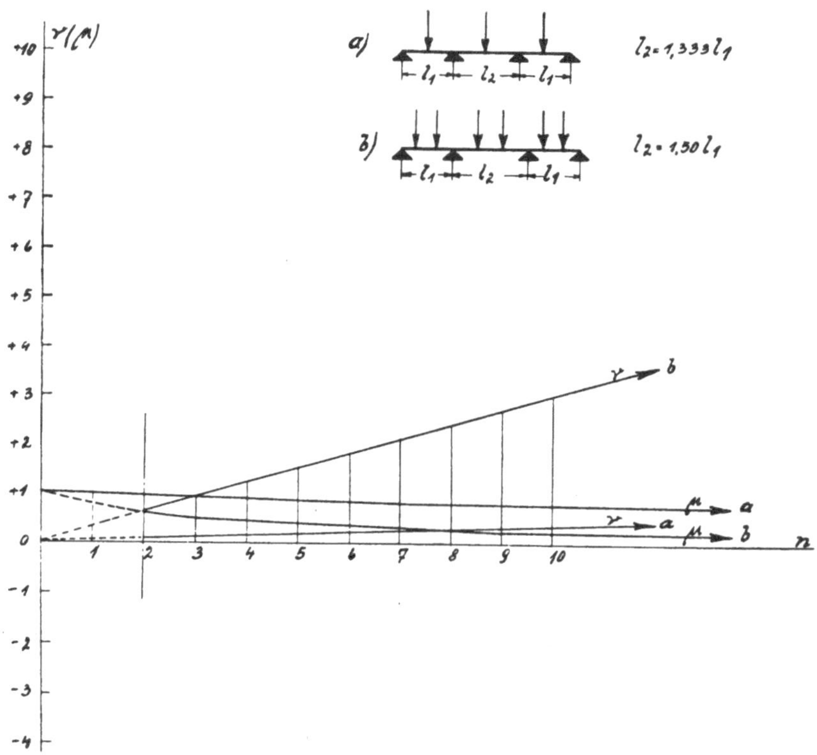

Abb. 37. Balkenfälle 13 u. 14.

Gleichung (IV) ergibt nun mit $k_A = \frac{3Q\,l_1}{8}$, $k_C = \frac{3Q\,l_2}{8}$

(46) $$\nu = +\frac{n^2}{4(7n-1)}$$

oder in Geradenform:

(46 a) $$\nu = +\,0{,}0357\,n + 0{,}0051 .$$

Fall 14.

3 Öffnungen 1 : λ : 1 mit gleichen Einzellasten in den Drittelspunkten. Gleichzeitiger Momentenausgleich im End- und Mittelfeld (Abb. 37b).

Die Werte der ausgeglichenen Momente waren:

$$\text{im Endfeld } M_B = -\frac{Q\,l_1}{4} \text{ (Gl. 7)},$$

$$\text{im Mittelfeld } M_B = -\frac{Q\,l_2}{6} \text{ (Gl. 8)}.$$

Daher $l_1 : l_2 = 4 : 6 = 1 : 1{,}50$

$$l_2 = 1{,}50 \cdot l_1 . \tag{47}$$

Mit $k_A = \frac{2}{3} Q\,l_1$, $k_C = \frac{2}{3} Q\,l_2$ und obigem Wert von M_B liefert (IV):

$$\nu = +\frac{6{,}5\,n^2}{3(7{,}5\,n - 1)} \tag{48}$$

(48 a) Ersatzgerade: $\nu = +\,0{,}289\,n + 0{,}0386$.

An Hand der in den einzelnen Fällen für ν gefundenen Ersatzgleichungen (Geradengleichungen) ist es nun einfach, die einzelnen Fälle miteinander zu vergleichen hinsichtlich des Grades der Inanspruchnahme der Plastizität zur Herstellung des Momentenausgleiches. Zu diesem Zweck sollen die Ersatzgleichungen der bisher behandelten Fälle noch einmal übersichtlich zusammengestellt werden (Tabelle auf S. 44).

Da in den Geradengleichungen die Additionskonstanten verschwindend klein sind (d. h. die Geraden alle annähernd durch den Ursprung hindurchgehen), so ist näherungsweise ν proportional n und die Größe des bei n stehenden Faktors (der Richtungswinkel der ν-Geraden) maßgebend für die Größe von ν, also ein Maß der Inanspruchnahme der Plastizität im Falle des Momentenausgleichs.

Aus der Zusammenstellung ersieht man daher, daß von den bisher dargestellten Fällen zwei Fälle (Nr. 6 und 11) den natürlichen Ausgleich liefern, während Fälle 13 und 10a diesem natürlichen Ausgleich am nächsten kommen, wogegen die Fälle 4b und 10b am weitesten davon entfernt sind. Es sind dies Fälle mit dem Ausgleich im Mittelfeld dreier gleicher Öffnungen. Für sie ist der Tangens des Richtungswinkels der ν-Geraden gleich 0,500. Da dieser Ausgleich — wie schon erwähnt — durch die ministeriellen Vorschriften für Berechnung eiserner Träger vom Februar 1925 (mit $^1/_{16}$ Ql für gleichmäßige Last) noch als zulässig erachtet wird, soll er hier als obere Grenze für einen Momentenausgleich unter Zuhilfenahme der Plastizität oder „Schlauheit" des Materials angesehen werden. Die im folgenden noch bei speziellen Fällen vorkommenden höheren Werte des Richtungswinkels der ν-Geraden als 0,500 sollen daher — solange nicht durch weitere Versuche hierüber Klarheit geschaffen wird — als unzweckmäßig bezeichnet werden.

Bezüglich der Vorzeichen von ν kann festgestellt werden, daß bei den

Tabelle.

Fall	Schema	Gleichung
1		$\nu = 0{,}308\,n + 0{,}103$
2	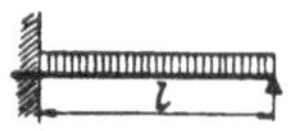	$\nu = 0{,}308\,n + 0{,}103$
3	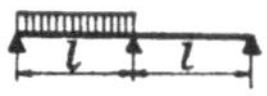	$\nu = -(0{,}179\,n + 0{,}060)$
4a		$\nu = 0{,}137\,n + 0{,}023$ (Ausgleich im Endfeld)
4b		$\nu = 0{,}500\,n + 0{,}083$ (Ausgleich im Mittelfeld)
5		$\nu = 0{,}333\,n$
6	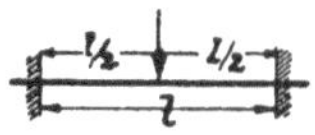	$\nu = 0$ (Natürlicher Ausgleich)
7	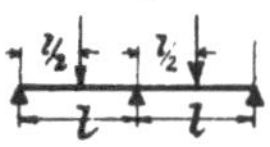	$\nu = 0{,}083\,n + 0{,}028$
8	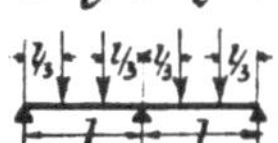	$\nu = 0{,}222\,n + 0{,}074$
9a	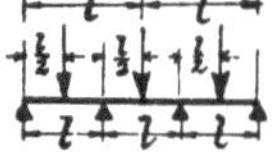	$\nu = -(0{,}083\,n + 0{,}014)$ (Ausgleich im Endfeld)
9b	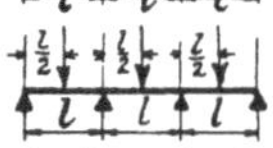	$\nu = 0{,}167\,n + 0{,}028$ (Ausgleich im Mittelfeld)
10a	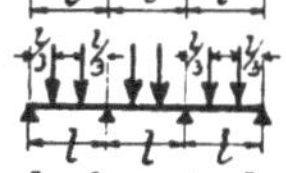	$\nu = 0{,}055\,n + 0{,}003$ (Ausgleich im Endfeld)
10b	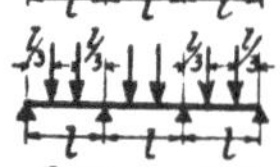	$\nu = 0{,}500\,n + 0{,}083$ (Ausgleich im Mittelfeld)
11	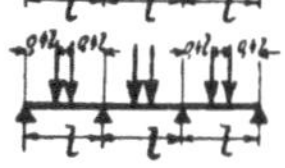	$\nu = 0$ (Natürlicher Ausgleich)
12		$\nu = 0{,}328\,n + 0{,}050$ (Gleichzeitiger Ausgleich im End- u. Mittelfeld)
13	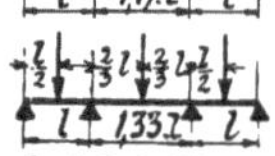	$\nu = 0{,}036\,n + 0{,}005$ (Gleichzeitiger Ausgleich im End- u. Mittelfeld)
14	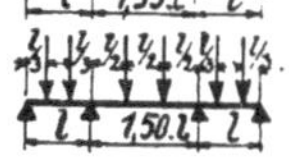	$\nu = 0{,}289\,n + 0{,}039$ (Gleichzeitiger Ausgleich im End- u. Mittelfeld)

bisher behandelten Balkenfällen der Hilfswert ν in allen Fällen mit Ausnahme der beiden Fälle 3 und 9a positiv ist, das Fließgebiet also bei hohen Beanspruchungen über den Zwischenstützen auftritt. Nur in den erwähnten Fällen 3 und 9a tritt dieses Gebiet in Feldmitte in Erscheinung.

Im folgenden wird nun eine Anzahl von Balkenfällen behandelt, die sämtlich in der Gleichung zwischen n und ν noch eine weitere, zu wählende Größe (einen sogenannten Parameter) enthalten und somit auf Kurvenscharen führen.

Zwecks Abkürzung des Textes wird von hier ab nur die (römische) Nummer der angezogenen Grundgleichung und der in diese einzusetzende Wert des ausgeglichenen Momentes nach Kapitel II sowie der Wert der Kreuzlinienabschnitte für den speziellen Belastungsfall zusammengestellt und — unter Fortlassung der Zwischenrechnung — sogleich die Gleichung für ν angeschrieben. Der Leser ist an Hand dieser Zusammenstellung in der Lage, die Formeln selbst nachzuprüfen.

Fall 15.

Balken über drei gleichen Öffnungen mit symmetrischen, gleichmäßig verteilten Streckenlasten (q) in den einzelnen Feldern (Abb. 38).

In Gleichung (IV b) ist nach (19a) mit $\frac{a}{l} = \alpha$ einzusetzen:

$$M_B = -\frac{ql^2}{2} \cdot (3 - 2 \cdot \sqrt{2 + \alpha^2})$$

Kreuzlinienabschnitte $k_A = k_C = \frac{ql^2}{4}(1 - 6\alpha^2 + 4\alpha^3)$

$$\nu = -\frac{n^2}{6n-1} \cdot \left(5 - \frac{1 - 6\alpha^2 + 4\alpha^3}{3 - 2 \cdot \sqrt{2 + \alpha^2}}\right). \tag{49}$$

Gleichung (49) enthält außer den Veränderlichen n und ν noch den Parameter α, durch den die Länge der Streckenlast bestimmt ist. ν kann hier wieder je nach der Länge der Streckenlast positiv, Null und negativ werden, der natürliche Ausgleich ergibt sich dann, wenn der Klammerausdruck in (49) verschwindet oder wenn der Bruch

$$\frac{1 - 6\alpha^2 + 4\alpha^3}{3 - 2 \cdot \sqrt{2 + \alpha^2}} = 5 \tag{50}$$

wird. Diese Gleichung wird am besten durch Probieren gelöst.

Man erhält für

$$\alpha = 0 \quad ; \quad \nu = +0{,}820 \cdot \frac{n^2}{6n-1} \quad \text{(Sonderfall 4 a)}$$

$$\alpha = 0{,}10; \quad \nu = +0{,}755 \cdot \frac{n^2}{6n-1}$$

$$\alpha = 0{,}20; \quad \nu = +0{,}500 \cdot \frac{n^2}{6n-1}$$

$$\alpha = 0{,}30; \quad \nu = +\,0{,}260 \cdot \frac{n^2}{6n-1}$$

$$\alpha = 0{,}35; \quad \nu = +\,0{,}075 \cdot \frac{n^2}{6n-1}$$

$$\alpha = 0{,}37; \quad \nu = \quad 0 \text{ (natürlicher Ausgleich)}$$

$$\alpha = 0{,}40; \quad \nu = -\,0{,}067 \cdot \frac{n^2}{6n-1}$$

$$\alpha = 0{,}45; \quad \nu = -\,0{,}600 \cdot \frac{n^2}{6n-1}$$

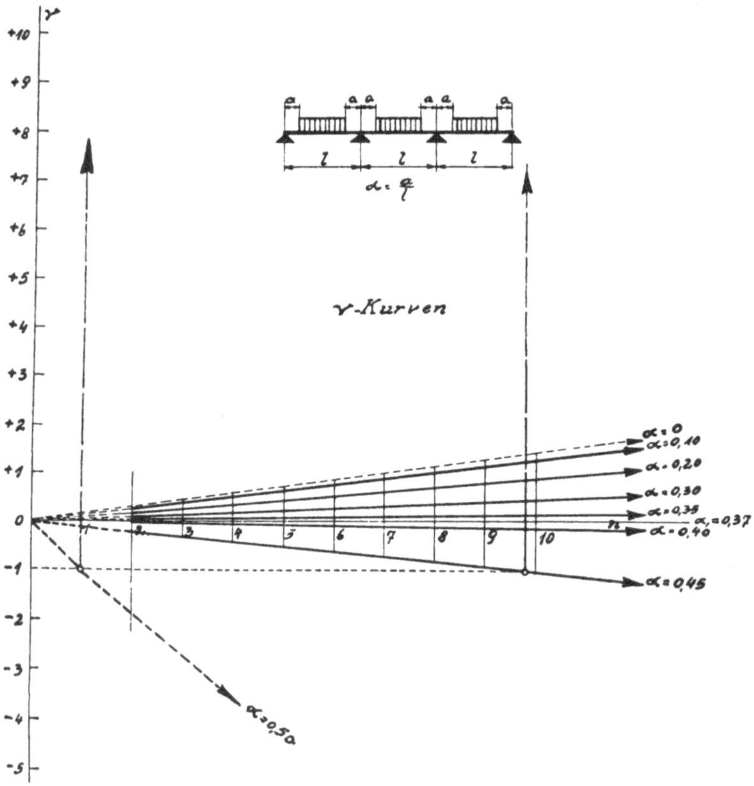

Abb. 38a. Balkenfall 15.

Das Strahlenbüschel der hieraus sich ergebenden ν-Kurven ist aus Abb. 38 nebst der Schar der zugehörigen μ-Kurven ersichtlich. Außer dem natürlichen Ausgleich kommen noch die Fälle $\alpha = 0{,}35$ und $= 0{,}40$, aber auch $\alpha = 0{,}30$ als sehr günstig in Betracht.

Der Konstrukteur kann hieraus folgendes lernen: Am zweckmäßigsten und wirtschaftlichsten ist für den betrachteten Durchlaufbalken mit drei gleichen Öffnungen eine Streckenbelastung, in der Mitte der Felder jeweils symmetrisch aufgebracht, wohingegen die äußeren Enden beiderseits frei (unbelastet) bleiben. Dies ließe sich für das Eigengewicht durch Hohlräume in der Auffüllung der Decken in der Nachbarschaft der Stützen leicht erreichen.

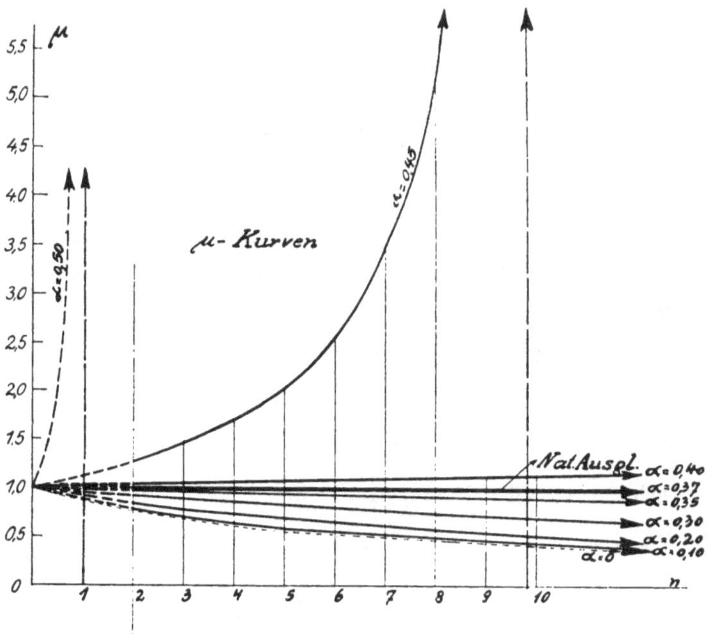

Abb. 38 b. Fall 15.

Fall 16.

Zwei ungleiche Öffnungen mit gleichmäßig verteilter Last (Abb. 39).

Wir bezeichnen das Verhältnis der kleineren zur größeren Feldweite mit

$$\frac{l_1}{l_2} = \lambda,$$

derart, daß also $\lambda \leqq 1$ ist.

Grundgleichung (III):

Wert des ausgeglichenen Momentes $M_B = -\,0{,}0855\, q l_2^2$
(Momentenausgleich in der größeren Öffnung).
Kreuzlinienabschnitte $k_A = 0{,}250\, q l_1^2$, $k_C = 0{,}250\, q l_2^2$.

Nach Weglassung der einfachen Zwischenrechnung ergibt sich:

$$(51) \qquad \nu = +\frac{n^2}{3n-1} \cdot [2{,}93 \cdot (\lambda^2 - \lambda) + 0{,}93].$$

Gleichung (51) enthält als Parameter λ, das Spannweitenverhältnis, das zwischen 0 und 1 liegen muß. Für einen festen Wert von n ist Gleichung (51) mit λ als Veränderlicher eine Parabelgleichung, die für Werte von λ symmetrisch zu $\lambda = 0{,}5$ paarweise gleiche ν-Werte liefert. Für $\lambda = 0{,}5$ ist $\lambda^2 - \lambda$ in (51) ein Minimum (nämlich gleich $-0{,}250$) und folglich auch ν ein Minimum.

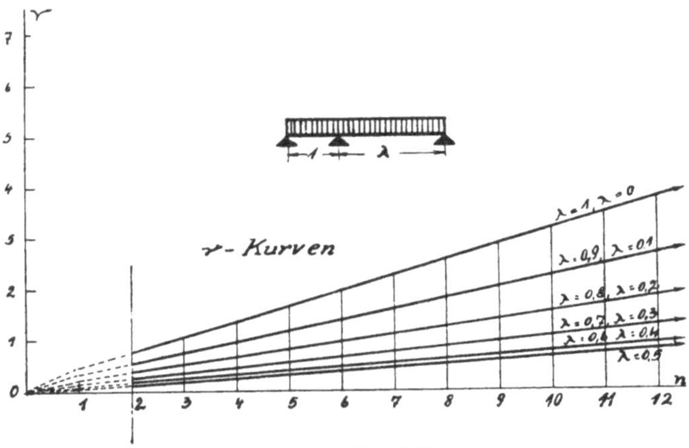

Abb. 39. Balkenfall 16.

Man erhält folgende Gleichungen:

$$\lambda = 0 \text{ und } \lambda = 1 \quad; \qquad \nu = +0{,}930 \cdot \frac{n^2}{3n-1} \quad \text{(Sonderfall 2 bzw. 1)}$$

$$\lambda = 0{,}1 \text{ u. } \lambda = 0{,}9; \qquad \nu = +0{,}662 \cdot \frac{n^2}{3n-1}$$

$$\lambda = 0{,}2 \text{ u. } \lambda = 0{,}8; \qquad \nu = +0{,}457 \cdot \frac{n^2}{3n-1}$$

$$\lambda = 0{,}3 \text{ u. } \lambda = 0{,}7; \qquad \nu = +0{,}310 \cdot \frac{n^2}{3n-1}$$

$$\lambda = 0{,}4 \text{ u. } \lambda = 0{,}6; \qquad \nu = +0{,}222 \cdot \frac{n^2}{3n-1}$$

$$\lambda = 0{,}5 \quad; \qquad \nu = +0{,}194 \cdot \frac{n^2}{3n-1}$$

Das Strahlenbüschel der ν-Kurven ist in Abb. 39 aufgetragen, und man ersieht daraus, daß das Verhältnis $\lambda = 0{,}5$ dem natürlichen Ausgleich am nächsten kommt; dieser selbst kann jedoch im vorliegenden Fall bei keinem Spannweitenverhältnis erreicht werden.

Fall 17.

Drei ungleiche Öffnungen 1 : λ : 1 (gleiche Endfelder) mit gleichmäßig verteilter Belastung. Momentenausgleich im Endfeld (Abb. 40a).

Grundgleichung (IV):

Kreuzlinienabschnitte: $k_A = 0{,}250\ ql_1^2$, $k_C = 0{,}250\ ql_2^2$, $M_B = -0{,}0855\ ql_1^2$

$$\frac{l_2}{l_1} = \lambda, \quad \lambda \gtreqless 1\,.$$

$$(52) \qquad \nu = + \frac{n^2 \cdot (0{,}079 - 0{,}257 \cdot \lambda + 0{,}250 \cdot \lambda^3)}{0{,}0855 \cdot [3n\,(1 + \lambda) - 1]}$$

Hier kommt wieder der Parameter λ vor, dessen verschiedene Werte die einzelnen Kurven der Kurvenschar in Abb. 40a ergeben. Wird der

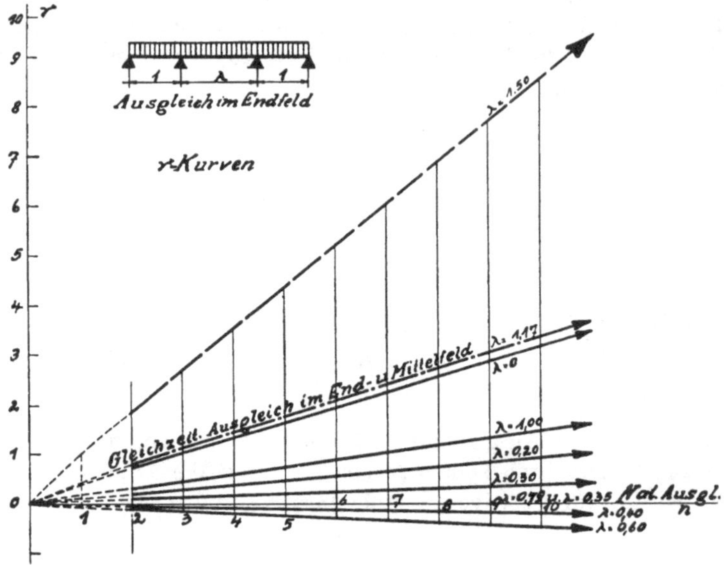

Abb. 40a. Balkenfall 17.

Klammerausdruck im Zähler Null, so verschwindet ν und man hat den natürlichen Ausgleich. Die Lösung erfolgt am besten durch Probieren.

Man erhält:

Für $\lambda = 1{,}5$, $\quad \nu = +\,6{,}29 \cdot \dfrac{n^2}{7{,}5\,n - 1}$

$\lambda = 1{,}0$, $\quad \nu = +\,0{,}83 \cdot \dfrac{n^2}{6n - 1}$ (Sonderfall 4a)

$\lambda = 0$, $\quad \nu = +\,0{,}925 \cdot \dfrac{n^2}{3n - 1}$ (Sonderfall 1)

$\lambda = 0{,}20$, $\quad \nu = +\,0{,}326 \cdot \dfrac{n^2}{3{,}6\,n - 1}$

$\lambda = 0{,}30$, $\quad \nu = +\,0{,}128 \cdot \dfrac{n^2}{3{,}9\,n - 1}$

$\lambda = 0{,}35$, $\quad \nu = 0$ Natürlicher Ausgleich

$\lambda = 0{,}40$, $\quad \nu = -\,0{,}093 \cdot \dfrac{n^2}{4{,}2\,n - 1}$

$\lambda = 0{,}60$, $\quad \nu = -\,0{,}244 \cdot \dfrac{n^2}{4{,}8\,n - 1}$

$\lambda = 0{,}79$, $\quad \nu = 0$ Natürlicher Ausgleich.
(rd. 0,80)

Den natürlichen Ausgleich liefern also hier zwei verschiedene Werte von λ, nämlich $\lambda = 0{,}79$ und $\lambda = 0{,}35$. In beiden Fällen ist das Mittelfeld kleiner als die unter sich gleichen Endfelder. Für $\lambda = 1{,}17$ erhält man den Sonderfall 12 (Gleichung 44) — den gleichzeitigen Ausgleich im End- und Mittelfeld. Die in Abb. 40a dargestellte Kurve für $\lambda = 1{,}5$ (gestrichelt gezeichnet) kommt wegen ihres großen Richtungswinkels (größer als 0,500; vgl. auch die Bemerkung auf Seite 43) für einen Ausgleich wohl nicht mehr in Frage.

Fall 18.

System und Belastung wie im Falle 17, jedoch Ausgleich im Mittelfeld (Abb. 40 b).

Grundgleichung (IV):

$M_B = -0{,}0625\,ql_2^2$; Kreuzlinienabschnitte wie unter 17.

$$\nu = +\frac{n^2\,(0{,}250 - 0{,}125\cdot\lambda^2 + 0{,}0625\cdot\lambda^3)}{0{,}0625\,\lambda^2\cdot[3n\,(1+\lambda) - 1]}\,. \tag{53}$$

Ein natürlicher Ausgleich ist hier nicht möglich, da der Klammerausdruck im Zähler durch keinen reellen positiven Wert von λ zu Null wird. Vielmehr wird ν für positives λ stets positiv, und zwar

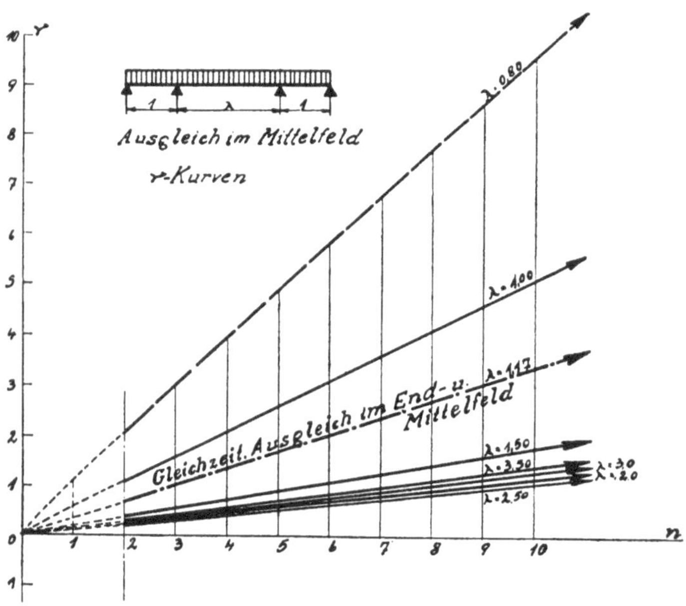

Abb. 40 b. Balkenfall 18.

$$\text{für } \lambda = 0{,}8; \quad \nu = +5{,}05 \cdot \frac{n^2}{5{,}4\,n - 1}$$

$$\lambda = 1{,}0; \quad \nu = +3{,}0 \cdot \frac{n^2}{6n - 1} \quad \text{(Sonderfall 4b)}$$

$$\lambda = 1{,}5; \quad \nu = +1{,}30 \cdot \frac{n^2}{7{,}5\,n - 1}$$

$$\lambda = 2{,}0; \quad \nu = \quad + \frac{n^2}{9n - 1}$$

$$\lambda = 2{,}5; \quad \nu = +1{,}14 \cdot \frac{n^2}{10{,}5\,n - 1}$$

$$\lambda = 3{,}0; \quad \nu = +1{,}47 \cdot \frac{n^2}{12\,n - 1}$$

$$\lambda = 3{,}5; \quad \nu = +1{,}84 \cdot \frac{n^2}{13{,}5\,n - 1}$$

Wieder erhält man aus (53) — ebenso wie aus (52) für

$$\lambda = 1{,}17$$

den Sonderfall 12 mit Gleichung (44) — den gleichzeitigen Ausgleich im End- und Mittelfeld.

Die Kurvenscharen für ν sind in Abb. 40b aufgetragen. Mit $\lambda = 2{,}5$ kommt man dem natürlichen Ausgleich am nächsten. $\lambda < 1$ liefert zu steile Ausgleichskurven und ist daher zu vermeiden. Man beachte, daß für den Ausgleich im Endfeld die kleinen Werte ($\lambda < 1$), für jenen im Mittelfeld dagegen die großen Werte von λ ($\lambda > 1$) günstig sind.

Fall 19.

Balken über zwei gleichen Feldern. Einzellast in beliebiger Stellung (Abb. 41).

Die erste Öffnung belastet.

In Gleichung (IIIa) ist einzusetzen: $k_A = \frac{Qab \cdot (l + a)}{l^2}$

$$k_C = 0, \; M_B = -\frac{Qab}{l + a} \quad \text{(Gleichung 13)}$$

$$\frac{k_A + k_C}{2M_B} = -\frac{(l + a)^2}{2l^2}.$$

Mit $\frac{a}{l} = \alpha$ ist, wie man leicht sieht,

$$\nu = -\frac{n^2}{2(3n - 1)} \cdot (3 - 2\alpha - \alpha^2). \tag{54}$$

Der Parameter α liegt zwischen den Grenzen 0 und 1 und kennzeichnet die jeweilige Laststellung. Da der Klammerausdruck in (54) für $\alpha = 1$ zu Null wird, würde dies den natürlichen Ausgleich liefern, was aber bedeutungslos ist, da die Last dann über der Mittelstütze B steht.

Im übrigen wird ν immer negativ, und zwar ist für

$$\alpha = 0{,}1; \quad \nu = -1{,}395 \cdot \frac{n^2}{3n-1}$$

$$\alpha = 0{,}3; \quad \nu = -1{,}155 \cdot \quad ,,$$

$$\alpha = 0{,}5; \quad \nu = -0{,}875 \cdot \quad ,,$$

$$\alpha = 0{,}7; \quad \nu = -0{,}555 \cdot \quad ,,$$

$$\alpha = 0{,}9; \quad \nu = -0{,}195 \cdot \quad ,,$$

$$\alpha = 1{,}0; \quad \nu = 0$$

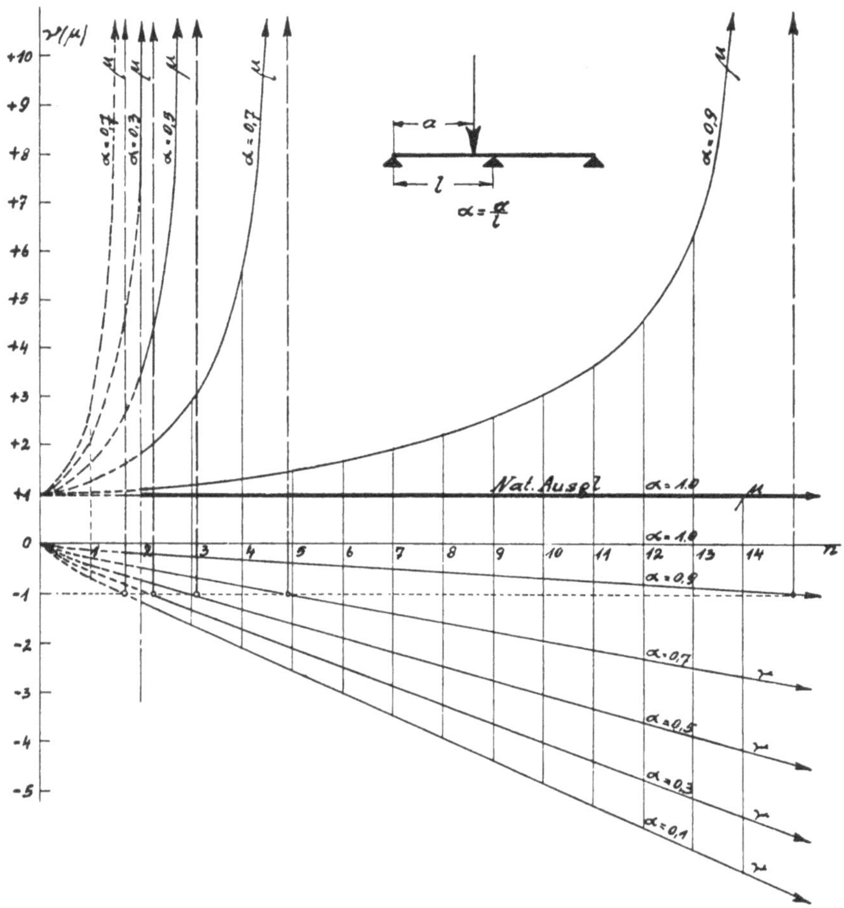

Abb. 41. Balkenfall 19.

Wie auch Abb. 41 lehrt, in der die Kurven mit ungeradem α für ν und μ aufgetragen erscheinen, kommen die Ausgleichskurven dem natürlichen Ausgleich um so näher, je mehr sich die Last der Mittelstütze nähert. Da ν nach Gleichung (54) von der Laststellung abhängig ist, kann das Superpositionsgesetz für die Errechnung der ausgeglichenen Momente keine Gültigkeit haben, folglich auch nicht die Anwendung der Einflußlinientheorie.

Fall 20.

Balken über drei gleichen Feldern A—B—C—D, Einzellast in beliebiger Stellung (Abb. 42).

a) Endfeld $A—B$ belastet.

Momentenwert des ausgeglichenen Stützenmomentes:

$$M_B = -\frac{Qab}{l+a} \quad \text{(Gleichung 13).}$$

Kreuzlinienabschnitte k_A und k_C wie im Falle 19.

Hier kann Grundgleichung (IV) bzw. (IVa) nicht angewendet werden, da die Belastung unsymmetrisch ist. Vielmehr müssen hier die beiden Dreimomentengleichungen, entsprechend der Grundgleichung (II), angeschrieben werden:

$$M_B \cdot [2n^2 + (3n-1)\cdot\nu]\cdot 2l + M_C\cdot(n^2+\nu)\cdot l = -n^2\cdot\frac{Qab\cdot(l+a)}{l}$$

und

$$M_B\cdot(n^2+\nu)\cdot l + M_C\cdot[2n^2+(3n-1)\cdot\nu]\cdot 2l = 0\,.$$

Durch Elimination von M_C erhält man:

$$M_B\cdot\{[2n^2+(3n-1)\cdot\nu]^2\cdot 4-(n^2+\nu)^2\}+$$
$$+\,n^2\cdot\frac{Qab\,(l+a)}{l^2}\cdot[2n^2+(3n-1)\cdot\nu]\cdot 2 = 0.$$

Setzt man hier M_B gemäß (13) ein, kürzt durch Qab und löst nach $\frac{l+a}{l}$ auf, so findet man schließlich:

$$(55)\quad \frac{(l+a)^2}{l^2} = \frac{15\,n^4+48\,n^3\nu-18\,n^2\nu+36\,n^2\nu^2-24\,n\nu^2+3\,\nu^2}{n^2\cdot[4\,n^2+2\cdot(3\,n-1)\,\nu]}\,.$$

In Gleichung (55) sind die Veränderlichen insofern getrennt, als auf der linken Seite nur der die Laststellung charakterisierende Parameter a vorkommt, während rechts die Variabeln n und ν stehen. Es wäre zu umständlich, diese Gleichung nach Potenzen von ν zu ordnen und allgemein nach ν aufzulösen, obwohl sie in bezug auf ν nur 2. Grades ist.

Wir bezeichnen zur Abkürzung die nur von n und ν abhängige rechte Seite von (55) mit M, derart, daß also

$$(56)\quad M = \frac{15\,n^4+48\,n^3\nu-18\,n^2\nu+36\,n^2\nu^2-24\,n\nu^2+3\,\nu^2}{n^2\cdot[4n^2+2\cdot(3n-1)\cdot\nu]}\,.$$

und erhalten, indem wir links wieder für

$$\frac{a}{l} = \alpha$$

setzen, aus (55) die einfache Beziehung:

$$(57) \qquad (1 + \alpha)^2 = M$$

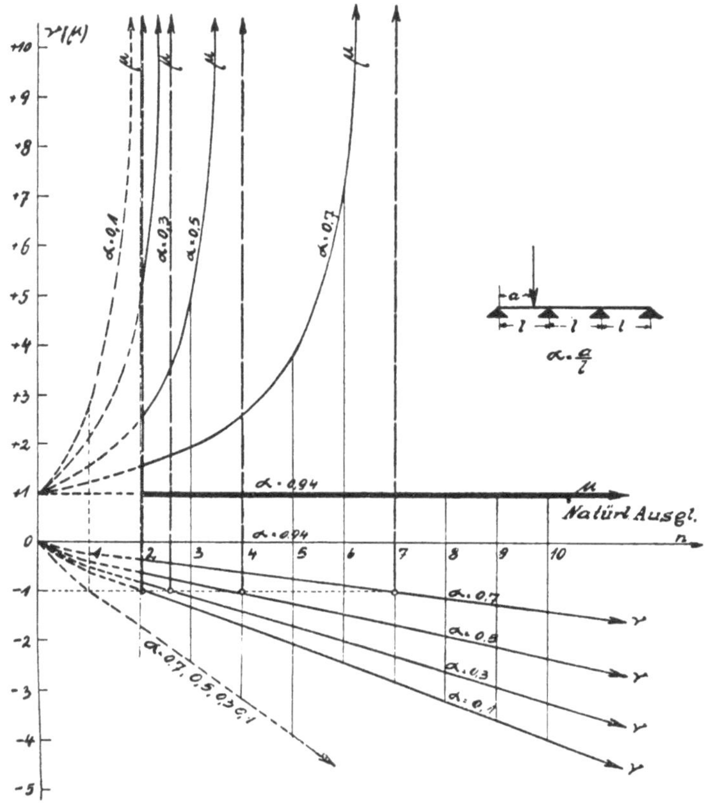

Abb. 42. Balkenfall 20.

Nun kann man so vorgehen, daß man die ν-Kurven numerisch ermittelt, indem man zunächst in (57) der Reihe nach Zahlenwerte für α (zwischen 0 und 1, also der Reihe nach 0,1, 0,2, 0,3 usw.) einsetzt, das zugehörige M berechnet und sodann in (56) rechts für n Zahlenwerte ($n = 1, 2, 3$ usw.) setzt und die so erhaltene quadratische Gleichung nach ν auflöst. Auf diese Weise sind die ν-Kurven der Abb. 42 berechnet worden, wobei noch zu beachten ist, daß sich für jeden Wert von α (bzw. M) — da die Gleichung ja zweiten Grades ist — zwei Werte von ν finden. Die zweiten Werte von ν decken sich für verschiedene α beinahe vollständig und sind in Abb. 42 gestrichelt dargestellt, da sie ohne praktische Bedeutung sind.

Um den natürlichen Ausgleich zu finden, setzen wir in (56) $\nu = 0$ und erhalten, da n sich wegkürzt,

$$M = \frac{15}{4} = 3{,}75$$

und nach Gleichung (57) das zugehörige α:

$$1 + 2\alpha + \alpha^2 = M,$$

woraus

$$\alpha = -1 \underset{(-)}{+} \sqrt{M} = -1 + \sqrt{3{,}75} = 0{,}94.$$

Wenn also die Einzellast im Abstand von 0,06 l von der Stütze B entfernt ist, ist $\nu = 0$ und $\mu = 1$, oder Feld- und Stützenmoment sind absolut gleich.

Wie man ohne weiteres erkennt, erhält man aus (56) für $n = 1$:

$$M = \frac{15\,(1+\nu)^2}{4\,(1+\nu)} = \frac{15}{4}\,(1+\nu).$$

Da hier durch $(1+\nu)$ gekürzt wurde, ist eine Lösung der quadratischen Gleichung

$$\nu + 1 = 0 \text{ oder } \nu = -1$$

und zwar für beliebiges M, also auch (nach 57) für beliebige Werte von α. Dieser Wert „$\nu = -1$" ist in der obenerwähnten (gestrichelten) ν-Kurve in Abb. 42 enthalten und bedeutungslos. ν ergibt sich im übrigen für alle α-Werte negativ, daher — wie bei Belastung durch Einzellast nicht anders zu erwarten war — das Fließgebiet in Feldmitte. Die μ-Kurven haben wieder die lotrechten Asymptoten bei $\nu = -1$.

b) Mittelfeld B—C belastet.

Ob ein Momentenausgleich zwischen den beiden benachbarten Stützenmomenten und dem Feldmoment nach Abb. 18 bei unsymmetrischer Belastung des Mittelfeldes eines symmetrischen Tragwerks überhaupt möglich ist, muß erst durch den Versuch erwiesen werden. Theoretisch ist dieser Ausgleich denkbar, wenn man sich die Plastizität über den beiden benachbarten Mittelstützen des symmetrischen Tragwerks verschieden stark in Anspruch genommen denkt, also verschiedene Werte von ν bei B und bei C (ν_B und ν_C) zugrunde legt. Dieser Fall soll — da er noch weiterer Klärung durch den Versuch bedarf — hier nur kurz angedeutet werden.

Man erhält nach Grundgleichung (II) zwei Dreimomentengleichungen, und zwar, da $k_A = k_D = 0$ ist:

$$\begin{cases} M_B \cdot [2n^2 + (3n-1)\cdot\nu_B]\cdot 2l + M_C\cdot(n^2+\nu_C)\cdot l = -n^2 k_C \cdot l \\ M_B\cdot(n^2+\nu_B)\cdot l + M_C\cdot[2n^2+(3n-1)\cdot\nu_C]\cdot 2l = -n^2 k_B\cdot l\,. \end{cases}$$

Für $M_B = M_C$ ist der Wert aus (14) einzusetzen; man hat dann zwei Gleichungen mit den beiden Unbekannten ν_B und ν_C.

Die Auflösung derselben liefert (unter Fortlassung der Zwischenrechnung) für die beiden Unbekannten die Werte:

$$(58)\qquad \begin{cases} \nu_B = \dfrac{n^2 \cdot [(3 - 2\alpha) - 2\,(3n - 1)\,(3 - 2\beta)]}{3\,(12n^2 - 8n + 1)} \\[2ex] \nu_C = \dfrac{n^2 \cdot [(3 - 2\beta) - 2\,(3n - 1)\,(3 - 2\alpha)]}{3\,(12n^2 - 8n + 1)}. \end{cases}$$

worin wieder die Parameter $\alpha = \frac{a}{l}$ und $\beta = \frac{b}{l}$ den Lastort festlegen.

Von einer Berechnung der Kurven ist aus dem erwähnten Grunde Abstand genommen worden.

Im folgenden (IV.) Kapitel werden einige einfache Rahmenfälle nach der Theorie des Momentenausgleichs behandelt. Eine erschöpfende Behandlung aller Rahmenfälle nach der neuen Theorie soll einer späteren Arbeit des Verfassers vorbehalten bleiben.

IV. Kapitel.

Berechnung der Ausgleichskurven für einige einfache Rahmenfälle.

Fall 1.

Rechteckförmiger Zweigelenkrahmen A—B—C—D mit gleichmäßig verteilter Belastung des Riegels (Abb. 43).

Von der Grundgleichung (II) ausgehend, hat man hierin folgendes einzusetzen:

$$l_1 = h \text{ (Höhe der Stiele)}$$

$$l_2 = l \text{ (Spannweite des Riegels)}$$

$$\frac{h}{l} = k$$

Kreuzlinienabschnitte: $k_A = 0, \quad k_C = \frac{ql^2}{4}$

$$M_B = -0{,}0625\, ql^2 .$$

Das Verhältnis $\frac{h}{l}$ wird — wie üblich — mit k bezeichnet und Steifigkeitsziffer des Rahmens genannt. Sind die Trägheitsmomente von Stiel und Riegel verschieden (J_1 für den Stiel und J_2 für den Riegel), so ist $k = \frac{h}{l} \cdot \frac{J_2}{J_1}$.

Daher ist nach (II) das Eckmoment bei B $\left(\text{nach Einführung von } k \text{ für } \frac{h}{l}\right)$:

$$M_B \cdot [2n^2 + (3n - 1) \cdot \nu] \cdot (k + 1) + M_B (n^2 + \nu) + n^2 \cdot \frac{ql^2}{4} = 0$$

oder, beiderseits durch M_B dividiert:

$$n^2 \cdot \left(2k + 3 + \frac{ql^2}{4M_B}\right) + \nu\, [(3n - 1) \cdot (k + 1) + 1] = 0$$

oder:

$$\text{(V)} \qquad \nu = -\frac{n^2\left(2k + 3 + \frac{k_C}{M_B}\right)}{k(3n - 1) + 3n}$$

und hieraus folgt $\left(\text{da } \frac{q\,l^2}{4 M_B} = \frac{k_C}{M_B} = -4\right)$:

$$\nu = + \frac{n^2(1 - 2k)}{k(3n - 1) + 3n}. \tag{59}$$

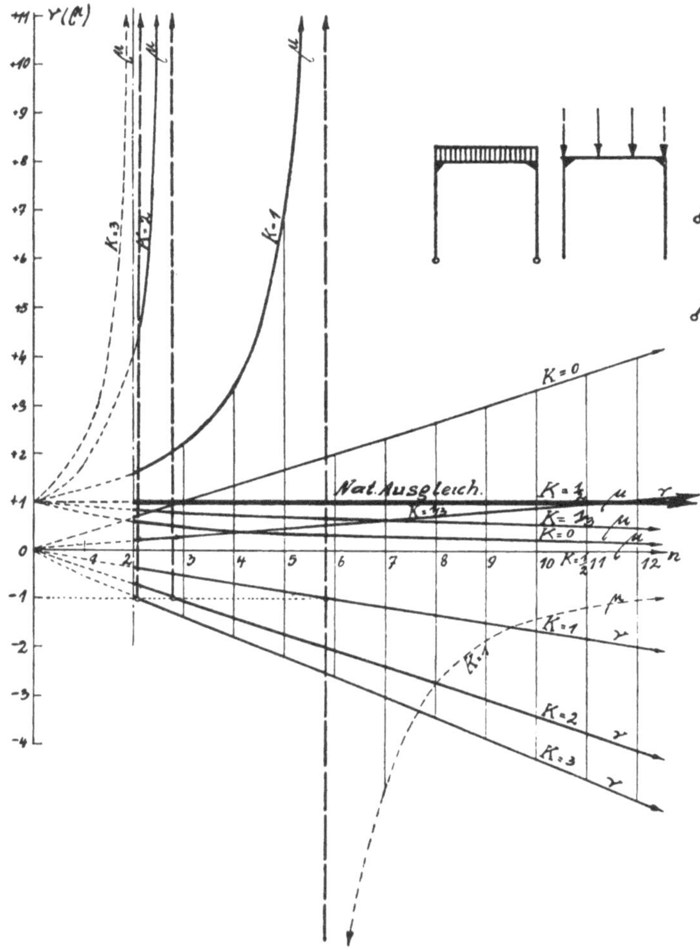

Abb. 43. Rahmenfälle 1, 3, 4 u. 6.

Mit $k = {}^1/_2$ wird für beliebiges n $\nu =$ Null, d. h. dieser Rahmen weist den natürlichen Momentenausgleich zwischen Eck- und Feldmoment (in Riegelmitte) auf. Für andere Werte der Steifigkeitsziffer k wird je nachdem ob k größer oder kleiner als 0,50 ist, ν negativ bzw. positiv. Nach (59) sind nun die ν-Gleichungen für die Werte $k = 0$, ${}^1/_3$, $({}^1/_2)$, 1, 2 und 3 berechnet und in Abb. 43 eingetragen worden. Man erkennt, daß außer

$k = {}^1/_2$ (dem natürlichen Ausgleich) auch $k = {}^1/_3$ und $k = 1$, als dem natürlichen Ausgleich benachbart, sehr günstig für den Momentenausgleich sind, was beim Entwurf von Rechteckrahmen aus Stahl von den Statikern besonders gewürdigt werden sollte. Da außer der Höhe und Spannweite des Rahmens auch — wie erwähnt — die verschiedenen Trägheitsmomente von Stielen und Riegel auf die Steifigkeitszahl k von Einfluß sind, so hat es der Statiker immer in der Hand, die oben als vorteilhaft gefundenen Werte dem Entwurf zugrunde zu legen und auf diese Weise wirtschaftlich zu konstruieren.

Nachstehend sind die Gleichungen der Kurvenscharen nochmals zusammengestellt.

$$k = 0 \qquad \nu = \frac{n}{3} \quad \text{(Grenzfall der beiderseitigen Einspannung)}$$

$$k = {}^1/_3 \qquad \nu = + \frac{n^2}{12n - 1}$$

$$k = {}^1/_2 \qquad \nu = 0$$

$$k = 1 \qquad \nu = - \frac{n^2}{6n - 1}$$

$$k = 2 \qquad \nu = -3 \cdot \frac{n^2}{9n - 2}$$

$$k = 3 \qquad \nu = -5 \cdot \frac{n^2}{12n - 3}.$$

Fall 2.

Rechteckförmiger Zweigelenkrahmen A—B—C—D mit Einzellast in der Mitte des Riegels (Abb. 44).

Nunmehr ist in Gleichung (V) einzusetzen:

$$k_A = 0, \quad k_C = \frac{3}{8} Ql, \quad M_B = - {}^1/_8 Ql \text{ (Gleichung 6)}$$

$$\frac{k_C}{M_B} = -3\,.$$

$$\text{(60)} \qquad \text{Daher } \nu = - \frac{2n^2 \cdot k}{k(3n - 1) + 3n}.$$

Für $k = 0$ erhält man $\nu = 0$, d. h. der natürliche Ausgleich ergibt sich für Einzellast in Feldmitte im Grenzfall beiderseitiger voller Einspannung. Im übrigen ist ν stets negativ, also das Fließgebiet in Feldmitte.

Nachstehend sind die Gleichungen der Ausgleichskurven für verschiedene k zusammengestellt, und zwar

$$k = {}^1/_3 \qquad \nu = -2 \frac{n^2}{12n - 1}$$

$$k = {}^1/_2 \qquad \nu = - \frac{n^2}{4{,}5n - 0{,}5}$$

$$k = 1 \qquad \nu = -2 \cdot \frac{n^2}{6n - 1}.$$

Günstig für den Ausgleich sind hier die Werte bis $k = 1$. Wird k größer als 1, so ist dies für den Ausgleich unvorteilhaft. In Abb. 44 sind die ν- und μ-Kurven aufgetragen.

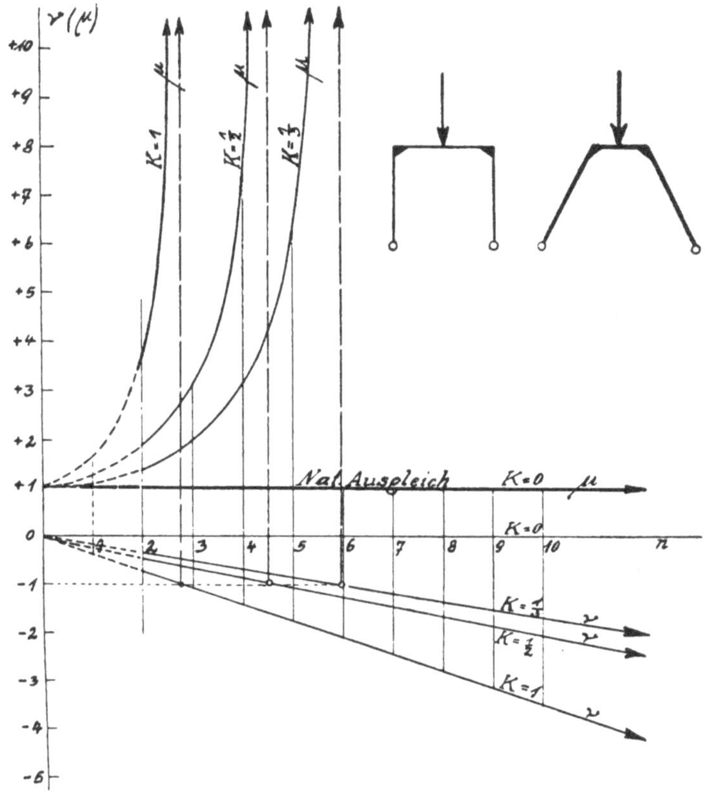

Abb. 44. Rahmenfälle 2 u. 5.

Fall 3.

Rechteckförmiger Zweigelenkrahmen mit gleichen Einzellasten in den Drittels-, Fünftels-, allgemein *m*-tels-Punkten, wobei *m* eine ungerade Zahl ist.

$$\frac{k_C}{M_B} = -4. \quad \text{(Vgl. Bemerkung auf Seite 39.)}$$

Da das Verhältnis $\frac{k_C}{M_B}$ hier den gleichen Wert aufweist wie in Rahmenfall 1, so ergibt sich nach Gleichung (V) auch in beiden Fällen dieselbe Gleichung für ν. Daher sind (59) und die aus dieser Gleichung errechneten Kurven auch ohne weiteres hier gültig, ebenso tritt auch hier der natürliche Ausgleich für $k = 0{,}50$ ein.

Fall 4.

Symmetrischer trapezförmiger Zweigelenkrahmen mit gleichmäßig verteilter Belastung des Riegels (Abb. 43).

Bezeichnet man die Länge der schrägen Stiele mit s, die Länge des waagerechten Riegels mit l und das Verhältnis $\frac{s}{l}$ mit k, so ergibt sich wieder die Beziehung (V)

$$n^2 \cdot \left[2k + 3 + \left(\frac{k_C}{M_B}\right)\right] + \nu \cdot [(3n - 1)(k + 1) + 1] = 0 .$$

Es ist somit klar, daß für alle Belastungsfälle, in denen das Verhältnis $k_C : M_B$ den gleichen Wert hat, auch die Ausgleichskurven die gleichen sind. Für den vorliegenden Belastungsfall gelten daher ebenfalls (59) sowie die Kurven der Abb. 43 und der natürliche Ausgleich für $k = 1/2$.

Fall 5.

Symmetrischer trapezförmiger Zweigelenkrahmen mit Einzellast in Riegelmitte.

Hier ist in (V) $k_C : M_B = -3$ einzusetzen.

Gleichung (60) behält ihre Gültigkeit und daher auch die Kurven der Abb. 44.

Fall 6.

Symmetrischer trapezförmiger Zweigelenkrahmen mit gleichen Einzellasten in den Drittels- oder Fünftels- oder allgemein m-tels-Punkten, wobei m eine ungerade Zahl ist.

Da $k_C : M_B$ jetzt gleich -4 ist, gelten wieder Gleichung (59) und die Kurven der Abb. 43.

Fall 7.

Sattelförmiger Zweigelenkrahmen A—B—C—D—E mit gleichmäßig verteilter Belastung (q) des Riegels (Abb. 45—48).

Bezeichnungen: $A\,B = h$ Höhe der Stiele
$B\,C = s$ Länge der schrägen Riegel
$A\,E = l$ Spannweite des Rahmens
$\frac{h}{s} = k$ Steifigkeitszahl
$\alpha =$ Winkel des schrägen Riegels mit der Waagerechten
$f = s \cdot \sin\alpha$ Sprengung des Riegels.

Der Momentenausgleich zwischen dem Eckmoment $M_B(-)$ und dem Firstmoment $M_C(+)$ liefert die Beziehung (s. Abb. 45a):

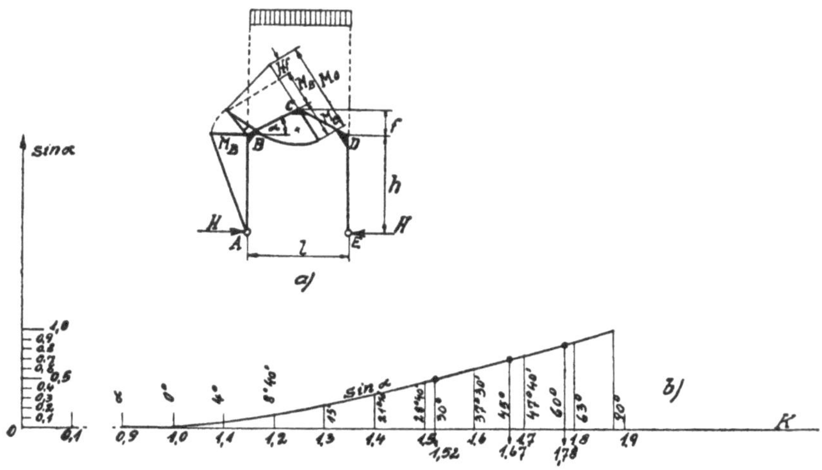

Abb. 45 a und 45 b.
Rahmenfall 7; Beziehung zwischen α und k für den nat. Ausgleich.

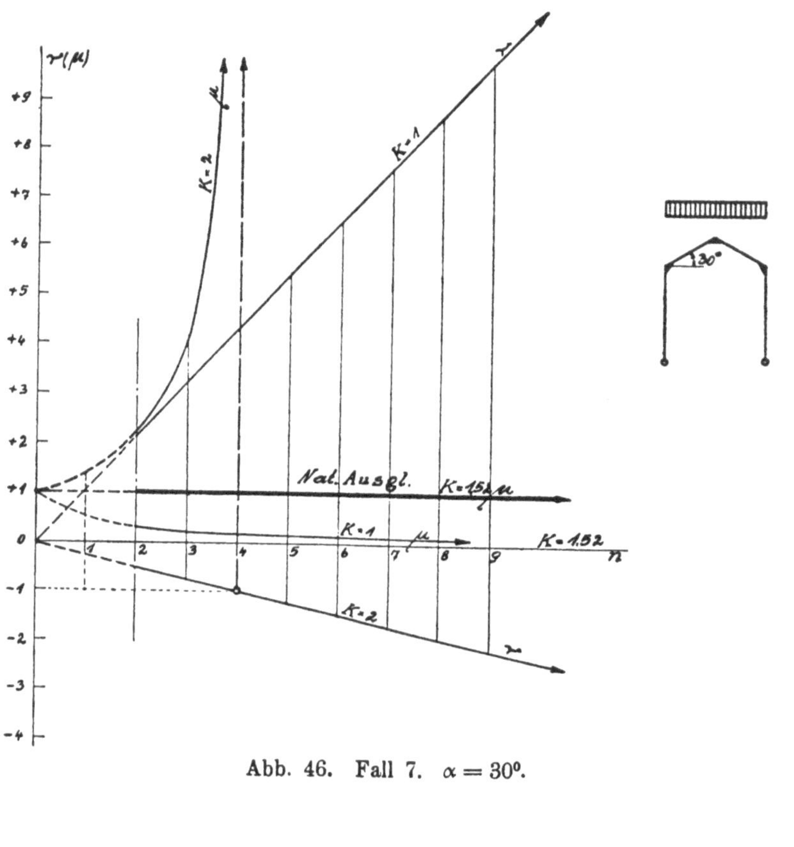

Abb. 46. Fall 7. $\alpha = 30^0$.

$$2 \cdot M_C + \frac{M_C}{h} \cdot f = \frac{q\,l^2}{8}$$

(61) und hieraus $M_C = \frac{q\,l^2 h}{8 \cdot (2h + f)} = - M_B$.

Die verallgemeinerte Clapeyronsche Gleichung $(\Sigma h \cdot \Delta\omega = 0)$ [13]) liefert gemäß (II):

$$\{M_B \cdot [2n^2 + (3n - 1) \cdot \nu] \cdot (h + s) + M_C \cdot (n^2 + \nu) \cdot s\} \cdot 2h +$$
$$+ \{2M_B \cdot (n^2 + \nu) \cdot s + M_C \cdot [2n^2 + (3n - 1) \cdot \nu] \cdot 2s\} \cdot$$
$$\cdot (h + f) + n^2 \left[\frac{q\,l^2}{16} \cdot s \cdot 2h + 2 \cdot \frac{q\,l^2}{16} \cdot s \cdot (h + f)\right] = 0 .$$

Setzt man hierin $M_C = - M_B$ gemäß (61) und löst nach ν auf, so erhält man:

$$\nu = - n^2 \cdot \frac{2h\,(fs - 2h^2) + s\,(2h + f)^2}{h \cdot [6n\,(fs - h^2) + 2 \cdot (h^2 - 2fs)]}$$

oder mit $f = s \cdot \sin\alpha$ und $k = \frac{h}{s}$:

(62) $$\nu = - n^2 \cdot \frac{2k\,(\sin\alpha - 2k^2) + (2k + \sin\alpha)^2}{k[6n\,(\sin\alpha - k^2) + 2 \cdot (k^2 - 2\sin\alpha)]} .$$

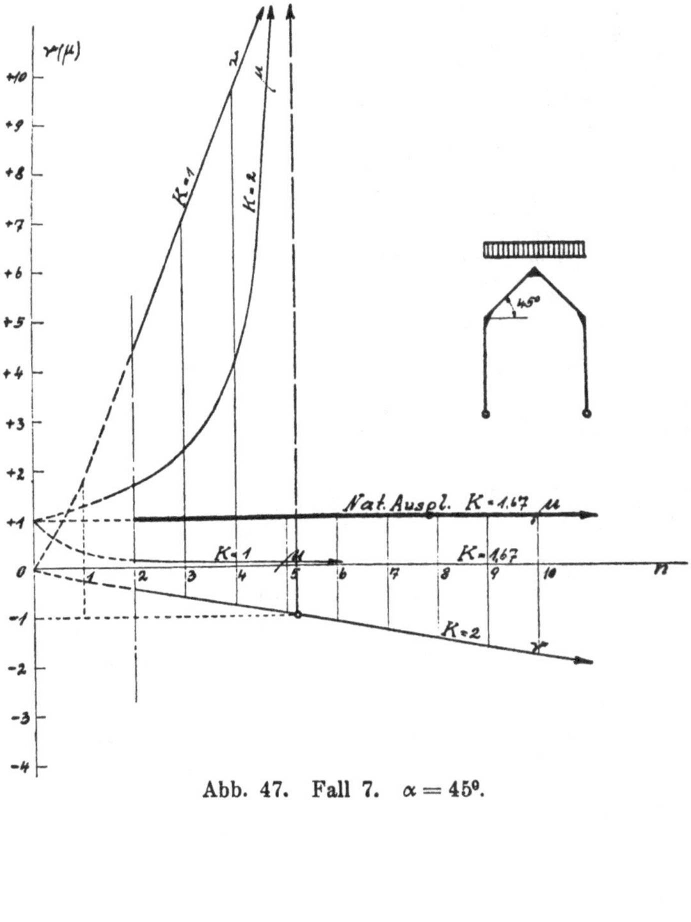

Abb. 47. Fall 7. $\alpha = 45°$.

Zunächst soll der „natürliche Ausgleich" untersucht werden.

ν wird Null, wenn der Zähler in (62)

(63) $$2k(\sin\alpha - 2k^2) + (2k + \sin\alpha)^2 = 0$$

wird.

Diese Gleichung besagt, daß zwischen der Zahl $k = \frac{h}{s}$ und dem Neigungswinkel α des schrägen Riegels für den Fall des natürlichen Momentenausgleichs eine bestimmte Beziehung besteht. Nach Potenzen von $\sin\alpha$ geordnet, lautet (63):

$$\sin^2\alpha + 6k \cdot \sin\alpha + 4k^2 - 4k^3 = 0,$$

woraus

(64) $$\sin\alpha = -3k_{(-)}^{+}\sqrt{5k^2 + 4k^3}.$$

Nach (64) ergibt sich der natürliche Ausgleich für:

$k = 1{,}0$ bei $\alpha = 0$ (Rechteckrahmen mit $\frac{h}{l} = \frac{h}{2s} = {}^1/_2$)

$k = 1{,}10$ „ $\alpha = 4^0$
$k = 1{,}20$ „ $\alpha = 8^0\,40'$
$k = 1{,}30$ „ $\alpha = 15^0$
$k = 1{,}40$ „ $\alpha = 21^0\,10'$
$k = 1{,}50$ „ $\alpha = 28^0\,40'$
$k = 1{,}52$ „ $\alpha = 30^0$

$k = 1{,}60$ „ $\alpha = 37^0\,30'$
$k = 1{,}67$ „ $\alpha = 45^0$

$k = 1{,}70$ „ $\alpha = 47^0\,40'$
$k = 1{,}78$ „ $\alpha = 60^0$

$k = 1{,}80$ „ $\alpha = 63^0$
($k = 1{,}88$ „ $\alpha = 90^0$).

Die Werte von $\sin\alpha$ als Funktion von k sind in Abb. 45b im rechtwinkligen Koordinatensystem aufgetragen. Es ist bemerkenswert, daß ein natürlicher Ausgleich nur möglich ist für die Werte von k zwischen 1,0 und 1,88.

Gemäß (62) sind nur die Kurvenscharen für die drei Fälle: a) $\alpha = 30^0$, b) $\alpha = 45^0$ und c) $\alpha = 60^0$ berechnet worden.

Die drei Gleichungen lauten:

(62a) $$\nu = -n^2 \frac{2k(0{,}50 - 2k^2) + (2k + 0{,}50)^2}{k \cdot [6n(0{,}50 - k^2) + 2 \cdot (k^2 - 1{,}0)]}$$

(62b) $$\nu = -n^2 \frac{2k(0{,}71 - 2k^2) + (2k + 0{,}71)^2}{k[6n(0{,}71 - k^2) + 2(k^2 - 1{,}41)]}$$

(62c) $$\nu = -n^2 \frac{2k(0{,}87 - 2k^2) + (2k + 0{,}87)^2}{k \cdot [6n(0{,}87 - k^2) + 2(k^2 - 1{,}73)]}.$$

Nach diesen Gleichungen wurden für jeden der drei Neigungswinkel α die ν-Werte für $k = 1$ und $k = 2$ ermittelt und nebst dem immer zwischen diesen beiden Werten von k liegenden natürlichen Ausgleich in den Abb. 46, 47 und 48 aufgetragen. Die Betrachtung der drei Kurvenscharen lehrt, daß

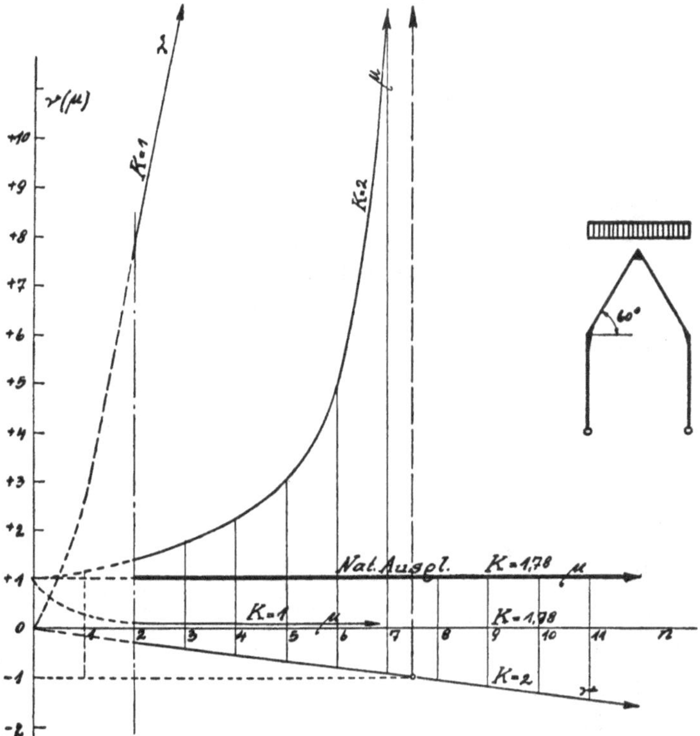

Abb. 48. Fall 7. $\alpha = 60^0$.

der Fall „$k = 1$" für den Momentenausgleich ausscheidet, weil die betreffende ν-Gerade für alle drei Winkel viel zu steil ausfällt, ihr Richtungswinkel ist bedeutend größer als der hier festgelegte Grenzwert 0,500, ja er ist in allen drei Fällen sogar größer als 1. Günstig für den Ausgleich sind dagegen die Werte $k = 1{,}5$ bis $k = 2$.

Fall 8.

Sattelförmiger Zweigelenkrahmen mit Einzellast Q im First (Abb. 49—52).

Der Ausgleich zwischen Eckmoment M_B (—) und Firstmoment (Moment im Scheitel) M_C (+) drückt sich durch die Gleichung aus (vgl. Abb. 49 a):

$$2M_C + \frac{M_C \cdot f}{h} = \frac{Q\,l}{4},$$

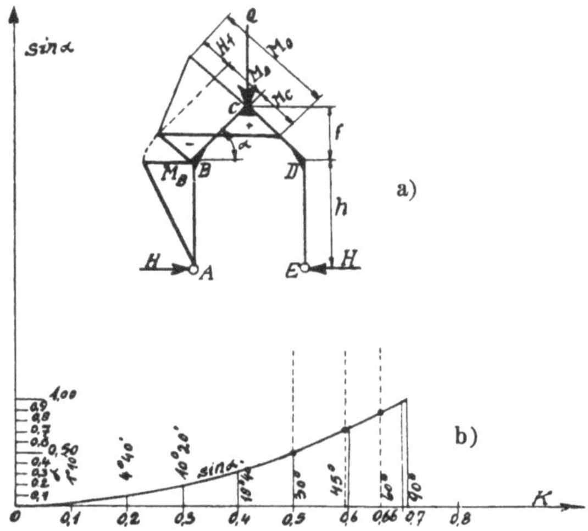

Abb. 49 a und 49 b. Rahmenfall 8; Beziehung zwischen α und k für den natürl. Ausgleich.

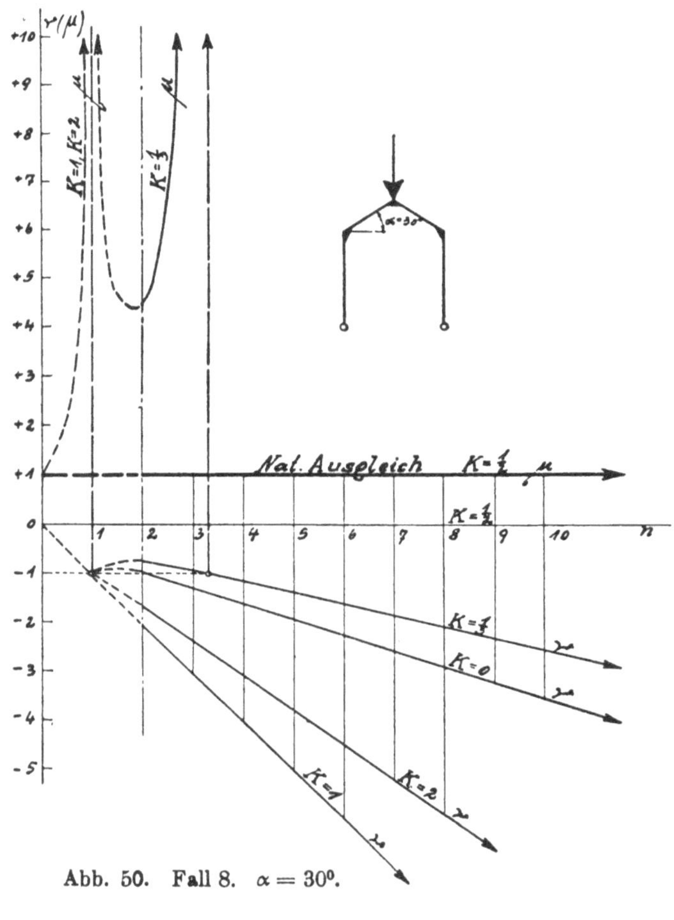

Abb. 50. Fall 8. $\alpha = 30^0$.

woraus

$$M_C = \frac{Q\,l}{4} \cdot \frac{h}{2h+f} = -\,M_B\,. \tag{65}$$

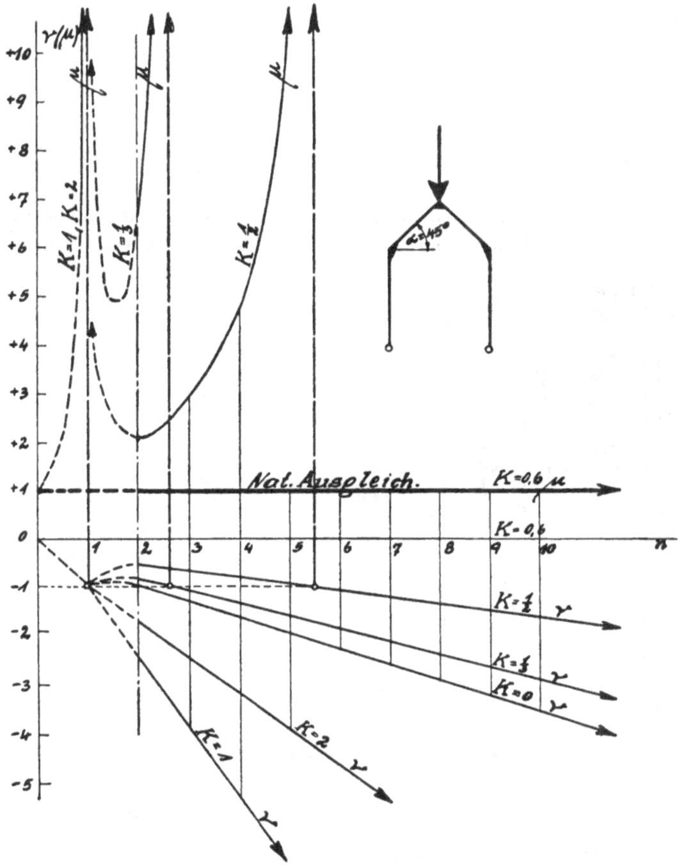

Abb. 51. Fall 8. $\alpha = 45^0$.

Die verallgemeinerte Clapeyronsche Gleichung [13]) $(\Sigma h \cdot \Delta\omega = 0)$ lautet jetzt gemäß (II):

$$\{M_B \cdot [2\,n^2 + (3\,n - 1) \cdot \nu] \cdot (h + s) + M_C\,(n^2 + \nu) \cdot s\} \cdot 2\,h +$$
$$+ \{2 M_B \cdot (n^2 + \nu) \cdot s + M_C \cdot [2n^2 + (3n - 1) \cdot \nu] \cdot 2s\} \cdot (h + f) = 0\,.$$

Da $M_B = -\,M_C$ ist, kann man durch $M_B\,(-\,M_C)$ kürzen und erhält:

$$\nu = \frac{n^2\,(2\,k^2 - \sin\alpha)}{3\,n\,(\sin\alpha - k^2) + (k^2 - 2\sin\alpha)}\,. \tag{66}$$

Der natürliche Ausgleich tritt ein, wenn

$$2\,k^2 - \sin\alpha = 0 \quad \text{oder} \quad \sin\alpha = 2\,k^2\,. \tag{67}$$

Für $k = 0$ ist $\alpha = 0^0$ (beiderseits eingespannter Träger)
,, $k = 0{,}1$,, $\alpha = 1^0\,10'$
,, $k = 0{,}2$,, $\alpha = 4^0\,40'$
,, $k = 0{,}3$,, $\alpha = 10^0\,20'$
,, $k = 0{,}4$,, $\alpha = 18^0\,40'$
,, $k = 0{,}5$,, $\alpha = 30^0$
,, $k = 0{,}6$,, $\alpha = 45^0$
,, $k = 0{,}66$,, $\alpha = 60^0$
(,, $k = 0{,}71$,, $\alpha = 90^0$) .

Die zugehörige Kurve für $\sin\alpha$ ist aus Abb. 49b ersichtlich. Man beachte, daß ein natürlicher Ausgleich nur für k-Werte zwischen 0 und 0,71

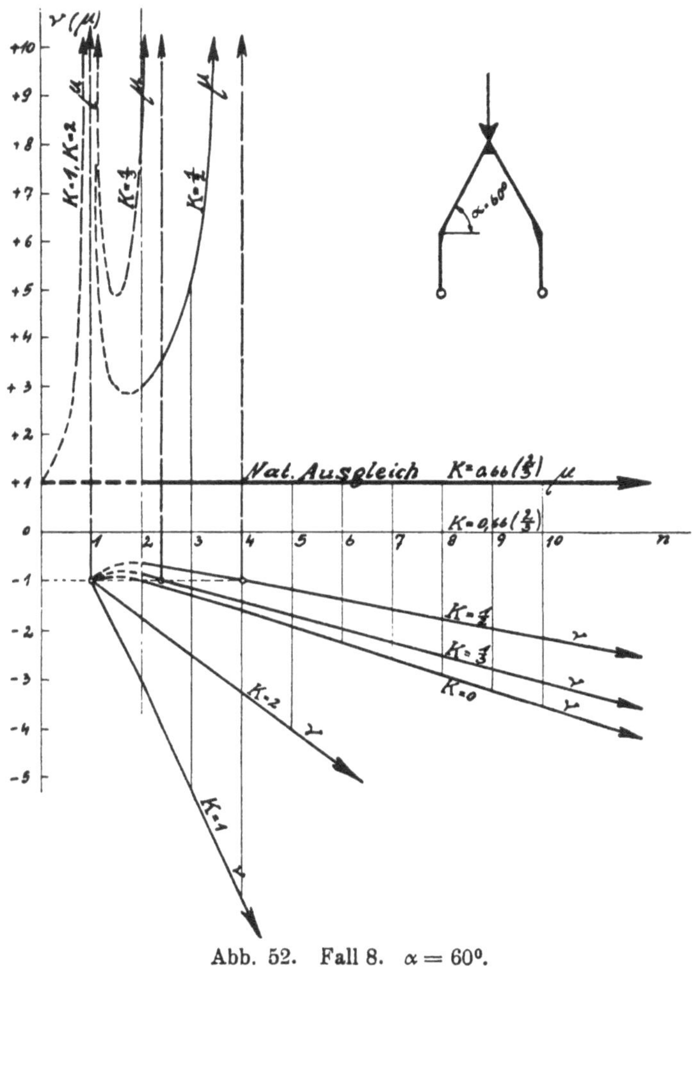

Abb. 52. Fall 8. $\alpha = 60^0$.

möglich ist. Hier sind also Werte von k unter 1 günstig, die Werte $k = 1$ bis $k = 2$ sehr ungünstig, wogegen im vorhergehenden Fall die Werte von k größer als 1 dem natürlichen Ausgleich näherlagen. Die Ausgleichskurven für die drei Fälle „$\alpha = 30^0$", „$\alpha = 45^0$" und „$\alpha = 60^0$" sind aus den Abb. 50, 51 und 52 ersichtlich. Die Gleichungen für die drei Fälle lauten:

$$\text{(66a)} \qquad \alpha = 30^0 \qquad \nu = n^2 \frac{(2k^2 - 0{,}50)}{3n \cdot (0{,}50 - k^2) + (k^2 - 1{,}0)}$$

$$\text{(66b)} \qquad \alpha = 45^0 \qquad \nu = n^2 \frac{(2k^2 - 0{,}71)}{3n \cdot (0{,}71 - k^2) + (k^2 - 1{,}41)}$$

$$\text{(66c)} \qquad \alpha = 60^0 \qquad \nu = n^2 \frac{(2k^2 - 0{,}87)}{3n \cdot (0{,}87 - k^2) + (k^2 - 1{,}73)}.$$

Fall 9.

Beiderseits eingespannter Rechteckrahmen A—B—C—D mit gleichmäßig verteilter Belastung (q) des Riegels (Abb. 53).

Hier können zwei Gleichungen gemäß Grundgleichung (II) angeschrieben werden, und zwar

$$\text{I.} \qquad M_A \cdot 2n^2 (0 + h) + M_B (n^2 + \nu)\, h = 0\,.$$

$$\text{II.} \qquad M_A \cdot n^2 \cdot h + M_B \cdot [2n^2 + (3n - 1)\,\nu] \cdot (h + l) + M_B \cdot (n^2 + \nu) \cdot l = -\, n^2 k_C \cdot l\,.$$

An den Einspannstellen A und D wird hierbei die Plastizität nicht in Anspruch genommen, daher ist ν im Faktor bei M_A gleich Null zu setzen.

Durch Elimination von M_A erhält man für beliebige symmetrische Belastung des Riegels:

$$\text{(VI)} \qquad \nu = -\, n^2 \frac{\left(3k + 6 + 2 \cdot \frac{k_C}{M_B}\right)}{6n \cdot (k+1) - 3k}.$$

Für gleichmäßig verteilte Belastung des Riegels hat man (nach früherem):

$$\frac{k_C}{M_B} = -\,4\,.$$

Daher

$$\text{(68)} \qquad \nu = -\,\frac{n^2 (3k - 2)}{6n\,(k+1) - 3k}.$$

Gleichung (68) liefert für $k = \frac{2}{3}$ $\nu = 0$, also den natürlichen Ausgleich, für $k = 0$ (beiderseitige volle Einspannung des Riegels) ergibt sich aus (68) wieder der bekannte Wert $\nu = +\,\frac{n}{3}$.

$$\text{(68a)} \qquad \begin{cases} \text{Für} \quad k = 1; \quad \nu = -\,\dfrac{n^2}{12n - 3} \\[2ex] \text{„} \quad k = 2; \quad \nu = -\,\dfrac{2n^2}{9n - 3}. \end{cases}$$

Die Kurven für $k = 0$ bis $k = 2$ sind aus Abb. 53 ersichtlich; k größer als $\frac{2}{3}$ liefert negatives ν, Werte von k größer als 2 sind für den Ausgleich ungünstig.

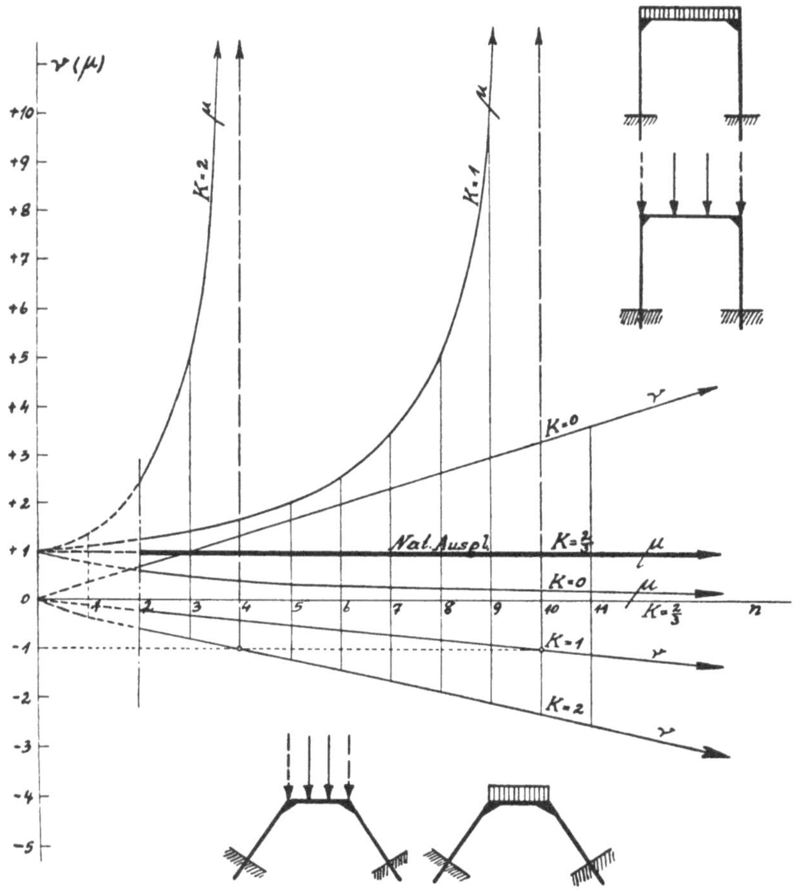

Abb. 53. Rahmenfälle 9, 10, 12 u. 13.

Fall 10.

Beiderseits eingespannter Rechteckrahmen A—B—C—D mit gleichen Einzellasten in den Drittels-, Fünftels-, allgemein *m*-tels-, Punkten, wobei *m* eine ungerade Zahl ist (Abb. 53).

Da das Verhältnis $k_C : M_B$ den Wert -4, also den gleichen Wert wie im Falle 9 hat, so sind nach (VI) auch die Ausgleichskurven dieselben.

Fall 11.

Beiderseits eingespannter Rechteckrahmen mit Einzellast Q in Riegelmitte (Abb. 54).

Es ist $\frac{k_C}{M_B} = \left(\frac{3Ql}{8}\right) : \left(-\frac{Ql}{8}\right) = -3$. Daher ist nach (VI)

$$\nu = -\frac{3n^2 \cdot k}{6n \cdot (k+1) - 3k}. \tag{69}$$

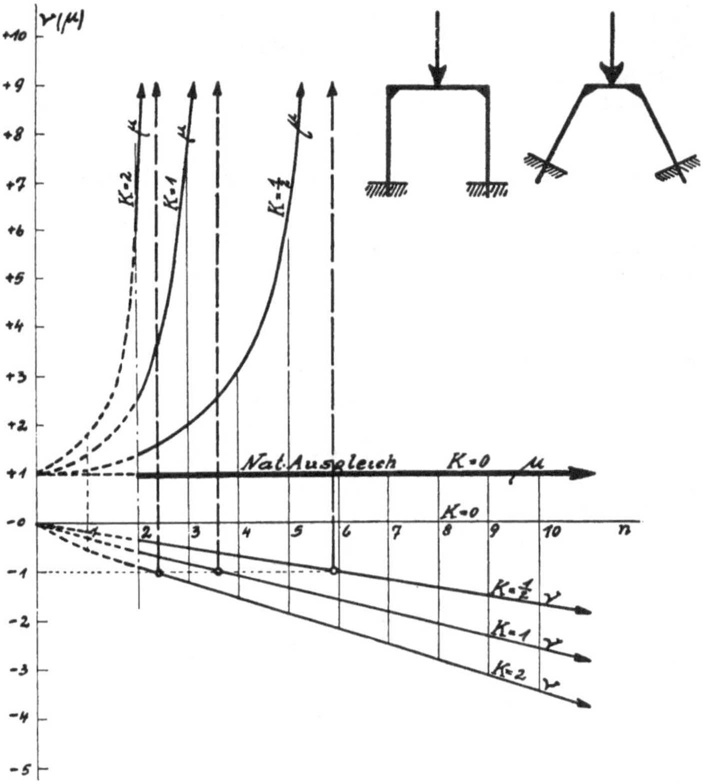

Abb. 54. Rahmenfälle 11 u. 14.

Für $k = 0$ ergibt sich mit $\nu = 0$ der natürliche Ausgleich.

Für $k = {}^1/_2$ ist $\nu = -\frac{3}{2} \cdot \frac{n^2}{9n - 1,5}$

„ $k = 1$ „ $\nu = -3 \cdot \frac{n^2}{12n - 3}$

„ $k = 2$ „ $\nu = -3 \cdot \frac{n^2}{9n - 3}$.

Hier ist ν für jeden positiven Wert von k negativ, d. h. das Fließgebiet stets in Feldmitte.

Fälle 12, 13, 14.

Beiderseits eingespannter symmetrischer Trapezrahmen mit gleichmäßig verteilter Last des Riegels bzw. gleichen Einzellasten in den m-tels-Punkten, wobei m ungerade ist bzw. Einzellast in Riegelmitte (Abb. 53 und 54).

Diese drei Fälle stimmen, sofern man mit k das Verhältnis $s:l$ (Länge des schrägen Stieles zu Riegellänge) bezeichnet, mit den entsprechenden Fällen 9, 10 und 11 vollkommen überein.

Fall 15.

Geschlossener Rechteckrahmen mit gleichmäßig verteilter Belastung (q) längs aller vier Seiten des Rahmens (Behälter) (Abb. 55).

Die Seitenlängen sind b und l.

Der Ausgleich in der langen Seite gibt dem Eckmoment den Wert $M_E = -\frac{q\,l^2}{16}$.

Nach Grundgleichung (II) schreibt man:

$$M_E(n^2+\nu)\cdot b + M_E\cdot[2n^2+(3n-1)\nu]\cdot(b+l) + \\ + M_E\cdot(n^2+\nu)\cdot l = -\frac{n^2 q}{4}\cdot(b^3+l^3)$$

oder nach Kürzung:

$$M_E(n+\nu) + \frac{nq}{12}(b^2 - b\,l + l^2) = 0$$

und

$$\nu = -\frac{n\cdot[M_E + q/_{12}\,(b^2 - b\,l + l^2)]}{M_E}.$$

Mit $\frac{b}{l} = \varrho$ (Seitenverhältnis) und obigem Wert von M_E ergibt sich als Gleichung der Ausgleichskurve:

$$\nu = +\frac{n}{3}(1 - 4\varrho + 4\varrho^2)\,. \tag{70}$$

Für

$$1 - 4\varrho + 4\varrho^2 = 0$$

ist

$$\varrho = +\,0{,}500$$

oder mit anderen Worten:

Das Seitenverhältnis $b:l = 1:2$ liefert den natürlichen Ausgleich in der langen Seite, was in wirtschaftlicher Hinsicht demnach vorteilhafter ist als die Wahl des quadratischen Rahmens. (Letzterer hat bei einer Seitenlänge l die Momente $-\frac{q\,l^2}{12}$ und $+\frac{q\,l^2}{24}$, ersterer hat bei den Seitenlängen l und $\frac{l}{2}$ die Momente $-\frac{q\,l^2}{16}$ und $+\frac{q\,l^2}{16}$ in der langen Seite bzw. $+\frac{q\,l^2}{96}$ und $-\frac{q\,l^2}{32}$ in der kurzen Seite.)

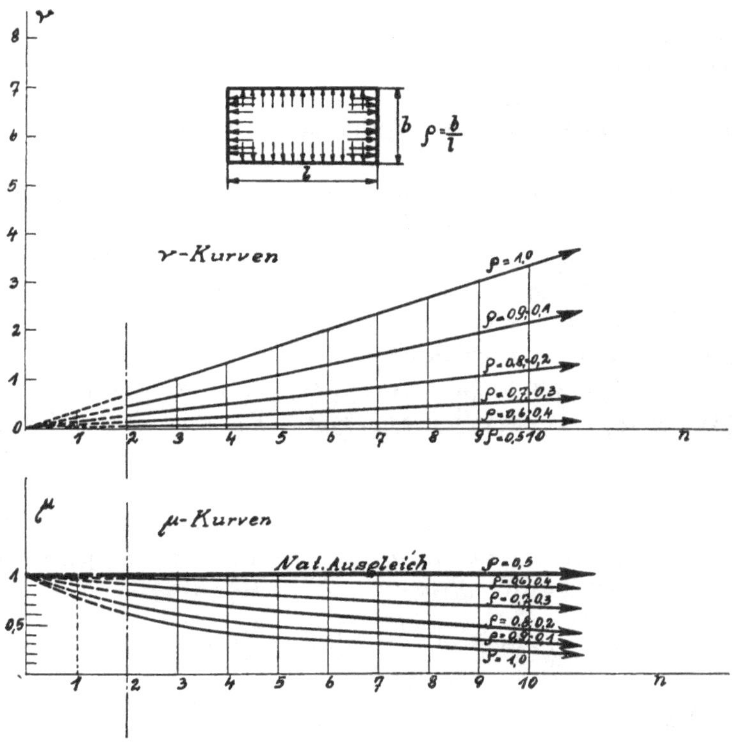

Abb. 55. Rahmenfall 15.

Im einzelnen erhält man für ν folgende Werte:

$\varrho = 0$	und	$\varrho = 1{,}0$	$\nu = \frac{n}{3}$ (volle Einspannung)
$\varrho = 0{,}1$	,,	$\varrho = 0{,}9$	$\nu = +\,0{,}213\,n$
$\varrho = 0{,}2$	,,	$\varrho = 0{,}8$	$\nu = +\,0{,}120\,n$
$\varrho = 0{,}3$	,,	$\varrho = 0{,}7$	$\nu = +\,0{,}053\,n$
$\varrho = 0{,}4$	,,	$\varrho = 0{,}6$	$\nu = +\,0{,}013\,n$
$\varrho = 0{,}5$			$\nu = 0$.

ν ist also stets positiv.

Fall 16.

Rechteckförmiger Zweigelenkrahmen A—B—C—D mit waagerechter Windbelastung.

a) Waagerechte Einzellast W in Höhe des Riegels (Abb. 2).

$$M_B = + \frac{Wh}{2}, \quad M_C = - \frac{Wh}{2}.$$

Hier ist — unabhängig von der Steifigkeitszahl k des Rahmens — schon nach der Elastizitätstheorie immer der natürliche Ausgleich der Momente vorhanden, die Plastizität des Materials braucht daher nicht in Anspruch genommen zu werden, um diesen Ausgleich herzustellen.

b) Gleichmäßig verteilte waagrechte Windbelastung w längs eines Stieles ($A\ B$).

Es läßt sich zeigen, daß für diesen besonderen Fall ein Ausgleich der Eckmomente bei B und C überhaupt nicht möglich ist.

Die Elastizitätsgleichung für den vorliegenden Fall lautet ($\Delta\omega_B + \Delta\omega_C = 0$) [13]) gemäß Grundgleichung (II):

$$\begin{aligned} & M_B \cdot [2n^2 + (3n - 1) \cdot \nu] \cdot (h + l) + M_C \cdot (n^2 + \nu) \cdot l + \\ (71) \quad & + M_B \cdot (n^2 + \nu) \cdot l + M_C \cdot [2n^2 + (3n - 1) \cdot \nu] \cdot (h + l) = \\ & = - n^2 \cdot \frac{w h^3}{4}. \end{aligned}$$

Die statische Gleichgewichtsbedingung (Summe der Horizontalkomponenten $= 0$) lautet (wenn der Horizontalschub bei D mit H, jener bei A mit $wh - H$ bezeichnet wird):

$$(72) \qquad \begin{cases} M_B = - \dfrac{w h^2}{2} + (wh - H) \cdot h \\ M_C = - H \cdot h. \end{cases}$$

Ein Momentenausgleich „$M_B = - M_C$“ würde in (71) auf einen Widerspruch führen, da alsdann die linke Seite zu Null, die rechte Seite jedoch von Null verschieden wird; ein Ausgleich „$M_B = + M_C$“ der beiden Eckmomente führt wiederum in (72) auf einen Widerspruch. Daraus folgt, daß es für diesen besonderen Rahmenfall keinen Momentenausgleich gibt, weder mit noch ohne Inanspruchnahme der Plastizität.

Schluß.

Um dem Leser zu zeigen, in welcher Weise die dieser Schrift zugrunde liegende Idee des Momentenausgleichs beim Entwurf von durchlaufenden Traggebilden verwertet werden kann, sind nachstehend drei einfache Beispiele angefügt, die eine Gegenüberstellung je zweier Lösungen (eine übliche und eine neuartige) und des in beiden Fällen erforderlichen Materialverbrauchs enthalten.

I. Aufgabe (Abb. 56).

Ein Träger von 20 m Länge soll außer an den Enden an zwei Zwischenpunkten durch Säulen unterstützt werden, derart, daß der Träger möglichst sparsam bemessen werden kann. Die gleichmäßig verteilte Belastung der Träger beträgt:

$$g = 900 \text{ kg/m}$$
$$p = 1600 \text{ kg/m}$$
$$\text{Zusammen: } q = 2500 \text{ kg/m}$$

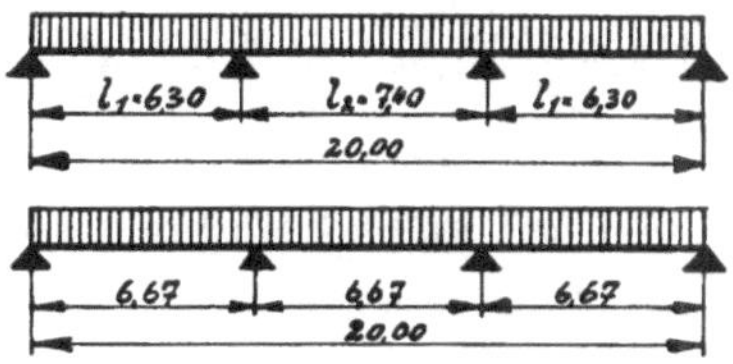

Abb. 56.

Lösung a: Als besonders wirtschaftlich soll der Fall 12 des Kapitels III gewählt werden:

Drei Öffnungen im Verhältnis 1 : 1,17 : 1 mit gleichzeitigem Ausgleich im End- und Mittelfeld.

Man erhält dann die Spannweiten (s. Abb. 56 a):

$l_1 = \frac{20{,}0}{3{,}17} = 6{,}30$ m für die Endfelder und $l_2 = 6{,}30 \cdot 1{,}17 = 7{,}40$ m für das Mittelfeld. Die Momente sind dann nach Gleichung (3) bzw. (4):

Endfeld: $M_1 = 0{,}0855\, q\, l_1^2 = 0{,}0855 \cdot 2500 \cdot 6{,}30^2 = +\, 8500$ mkg.

Mittelfeld: $M_2 = 0{,}0625\, q\, l_2^2 = 0{,}0625 \cdot 2500 \cdot 7{,}40^2 = +\, 8500$ mkg.

Stützenmoment: $M = -\, 8500$ mkg.

Bemessung:

Zulässige Biegungsspannung für Flußstahl St. 37: $\sigma_e = 1200$ kg/cm²

$$W_{\text{erf}} = \frac{850000}{1200} = 708 \text{ cm}^3$$

Gewählt: I-Peiner-Profil Nr. 22 mit $W_x = 732$ cm³ und 71,5 kg/m Gewicht.

Lösung b: Drei gleiche Öffnungen (Abb. 56 b).

$$l = \frac{20{,}0}{3} = 6{,}67 \text{ m}.$$

Die Momente werden — wie üblich — mittels der Winklerschen Zahlen ermittelt. Das absolut größte Moment ist hiernach das negative Stützenmoment, das der Bemessung zugrunde gelegt wird.

Im einzelnen erhält man:

Moment im Endfeld:

$M_{max} = 6{,}67^2 \cdot (0{,}08 \cdot 900 + 0{,}10 \cdot 1600) = +10320$ mkg.

Moment im Mittelfeld:

$M_{max} = 6{,}67^2 \cdot (0{,}025 \cdot 900 + 0{,}075 \cdot 1600) = +6340$ mkg.

Negatives Stützenmoment:

$M_{min} = -6{,}67^2 \cdot (0{,}10 \cdot 900 + 0{,}117 \cdot 1600) = -12\,300$ mkg.

Man sieht, daß nicht nur das Stützenmoment, sondern auch das Moment im Endfeld größer als das ausgeglichene Moment des Falles a ist. Lediglich das Moment im Mittelfeld bleibt unter jenem.

$$W_{erf} = \frac{1230000}{1200} = 1025 \text{ cm}^3.$$

Gewählt: I-Peiner-Profil Nr. 25 mit

$$W_X = 1060 \text{ cm}^3 \text{ und } 91{,}1 \text{ kg/m Gewicht.}$$

Daher Gewichtsersparnis im Fall a gegenüber b:

$$91{,}1 - 71{,}5 = 19{,}6 \text{ kg Stahl pro Meter.}$$

Nun kann man allerdings im Falle b einen Vorteil dadurch erreichen, daß man der Bemessung das kleinste der drei Momente (es ist jenes im Mittelfeld) zugrunde legt, hiernach einen Grundquerschnitt wählt und die größeren Momente über der Stütze und im Endfeld durch aufgenietete Kopfplatten von entsprechend nach der Maximal- (Minimal-) Momentenlinie ermittelten Längen aufnimmt. Man wird demnach zwar an Eisengewicht sparen, aber diese Ersparnis wird durch die hinzukommende Nietarbeit zweifelsohne wieder aufgehoben. Bemißt man dagegen den Träger nach der Methode des Momentenausgleichs unter a, dann erreicht man ein Maximum an Wirtschaftlichkeit durch gleichmäßige Ausnutzung des konstanten Querschnittes an drei verschiedenen Stellen ohne jede Nietarbeit.

II. Aufgabe (Abb. 57).

Der gleiche Träger von 20 m Länge (der I. Aufgabe) soll in vier Punkten gestützt werden und erhält die Belastung durch Einzellasten in den Feldmitten eingetragen.

Die Belastung beträgt $G = 1200$ kg

$P = 3600$ kg

Zusammen: $Q = 4800$ kg.

Lösung a: Nach Fall 13 im Kapitel III erfolgt hier ein gleichzeitiger Momentenausgleich im End- und Mittelfeld bei einer Aufteilung der Feldweiten im Verhältnis 1 : 1,333 : 1. Dies gibt:

$$l_1 = \frac{20{,}0}{3{,}33} = 6{,}0 \text{ m}$$

$$l_2 = 6{,}0 \cdot 1{,}333 = 8{,}0 \text{ m.}$$

Momente nach Gleichung (5) bzw. (6):

$$\text{Endfeld: } M_1 = \frac{1}{6} \cdot Q\, l_1 = \frac{1}{6} \cdot 4800 \cdot 6{,}0 = + 4800 \text{ mkg.}$$

$$\text{Mittelfeld: } M_2 = \frac{1}{8} \cdot Q\, l_2 = \frac{1}{8} \cdot 4800 \cdot 8{,}0 = + 4800 \text{ mkg.}$$

Stützenmoment: $M_B = - 4800$ mkg.

$$\sigma_e = 1200 \text{ kg/cm}^2 \text{ (Flußstahl St. 37).}$$

$$W_{\text{erf}} = \frac{480000}{1200} = 400 \text{ cm}^3.$$

Gewählt: *I*-Peiner-Profil Nr. 18 mit $W_X = 417$ cm³ und 50,8 kg/m Gewicht.

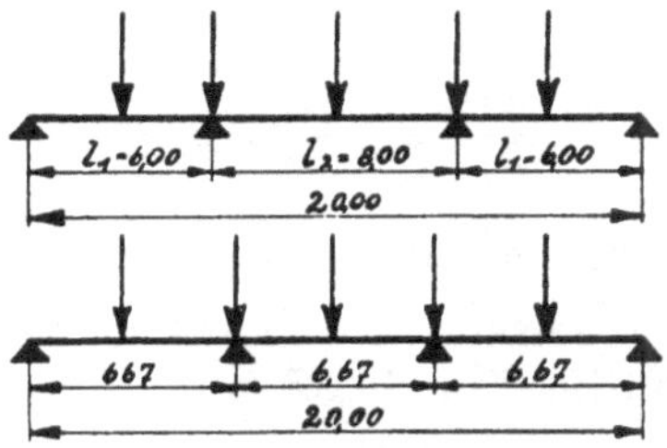

Abb. 57.

Lösung b: Drei gleiche Öffnungen.

$$l = 6{,}67 \text{ m.}$$

Momente:

$$\text{Endfeld: } M_{\max} = 0{,}175 \cdot 1200 \cdot 6{,}67 + 0{,}215 \cdot 3600 \cdot 6{,}67 = + 6570 \text{ mkg.}$$

$$\text{Mittelfeld: } M_{\max} = 0{,}100 \cdot 1200 \cdot 6{,}67 + 0{,}175 \cdot 3600 \cdot 6{,}67 = + 5000 \text{ mkg.}$$

$$\text{Stützenmoment: } M_{\min} = - 0{,}150 \cdot 1200 \cdot 6{,}67 - 0{,}175 \cdot 3600 \cdot 6{,}67 = - 5400 \text{ mkg.}$$

Hier ist das Moment im Endfeld das absolut größte und maßgebend für die Bemessung.

$$W_{\text{erf}} = \frac{657000}{1200} = 547 \text{ cm}^3.$$

Gewählt: *I*-Peiner-Profil Nr. 20 mit $W_X = 595$ cm³ und 64,9 kg/m Gewicht. Gewichtsersparnis im Fall b gegenüber a:

$$64{,}9 - 50{,}8 = 14{,}1 \text{ kg Stahl pro Meter.}$$

In beiden Beispielen beträgt die Gewichtsersparnis etwa 22 vom Hundert.

III. Aufgabe (Abb. 58).

Zum Schlusse soll ein rechtwinkliger Zweigelenkrahmen — wie er als Glied eines Stahlskelettbaues sehr häufig vorkommt — auf Grund der Methode des Momentenausgleichs berechnet werden.

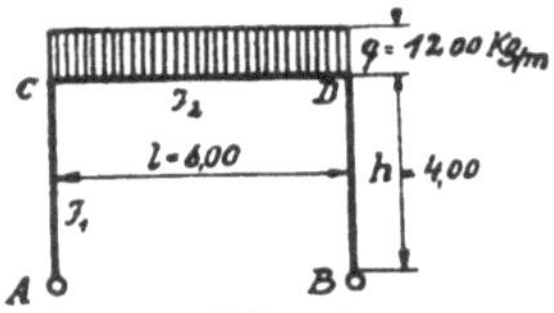

Abb. 58.

Der in Abb. 58 skizzierte Rahmen von 4,0 m Höhe und 6,0 m Spannweite aus Stahl soll für eine gleichmäßig verteilte Belastung des Riegels von $g = 1200$ kg/m bemessen werden.

Lösung a: Nach Abb. 43 ergibt sich der natürliche Ausgleich für den Wert $k = {}^1/_2$ der Steifigkeitszahl, und es ist daher vorteilhaft, nach Möglichkeit diesen Wert beim Entwurf des Rahmens als Idealfall zugrunde zu legen. Im vorliegenden Fall wäre bei gleichen Trägheitsmomenten der Stiele und des Riegels

$$k = \frac{h}{l} = \frac{4,0}{6,0} = \frac{2}{3}\,.$$

Um auf „$k = \frac{1}{2}$" zu kommen, braucht man nur das Verhältnis der Trägheitsmomente $J_2 : J_1$ (Riegel : Stiel) $= 3 : 4$ zu nehmen, indem man die Stiele etwas stärker wählt als den Riegel (es genügt, die Höhen der Querschnitte etwa im Verhältnis der 3. Wurzeln, also $\sqrt[3]{3} : \sqrt[3]{4}$ zu wählen) und erhält für k:

$$k = \frac{4,0}{6,0} \cdot \frac{3}{4} = \frac{1}{2}\,.$$

Dann sind die Riegelmomente, Feldmoment (M_F +) = Eckmoment (M_B —)

$$M = \pm \frac{1}{16} \cdot ql^2 = \pm \frac{1}{16} \cdot 1200 \cdot 6,0^2 = \pm\, 2700 \text{ mkg.}$$

Der Horizontalschub des Rahmens ist

$$H = \frac{2700}{4,0} = 675 \text{ kg.}$$

Die Bemessung des Riegels erfolgt auf Biegung und Druck. Knicken komme nicht in Frage, da der Riegel durch die massive Decke am Ausknicken verhindert wird.

Gewählt: I-Normal-Profil Nr. 20 mit

$$W_X = 214 \text{ cm}^3$$
$$\text{und } F = 33,5 \text{ cm}^2$$
$$\text{Gewicht} = 26,3 \text{ kg/m}$$
$$\sigma = \frac{675}{33,5} + \frac{270000}{214} = 1280 \text{ kg/cm}^2.$$

Lösung b: Hätte man dasselbe System jedoch mit der für den Ausgleich ungünstigen Steifigkeitszahl $k = 3$ gewählt (s. Abb. 43), so hätte man gefunden:

$$\text{Eckmoment } M_B = -\frac{q l^2}{4 \cdot (2k + 3)} = -1200 \text{ mkg.}$$

Moment in Riegelmitte:

$$M_F = -1200 + \frac{q l^2}{8} = +4200 \text{ mkg.}$$

$$\text{Horizontalschub } H = \frac{1200}{4{,}0} = 300 \text{ kg.}$$

Der Horizontalschub ist jetzt kleiner als vorher. Gewählt: I-Normal-Profil Nr. 24 mit

$$W_x = 354 \text{ cm}^3$$
$$F = 46{,}1 \text{ cm}^2$$
$$\text{Gewicht} = 36{,}2 \text{ kg/m}$$
$$\sigma = \frac{300}{46{,}1} + \frac{420000}{354} = 1196{,}5 \text{ kg/cm}^2.$$

Daher Differenz an Stahlgewicht in den beiden Fällen:

36,2 — 26,3 = 9,9 kg Stahl pro Meter, d. i. rd. 27 v. H.

Ersparnis. (Die prozentuale Ersparnis erscheint hier etwas höher als in den früheren Beispielen, was darin seinen Grund haben mag, daß hier bei Lösung a die Spannung von 1200 kg/cm² um 80 kg überschritten wurde, bei Lösung b hingegen nicht.)

Die hier errechnete Ersparnis erstreckt sich jedoch nur auf den Riegel. Die Stiele erhalten in allen Fällen die gleiche Normalkraft, nämlich den Auflagerdruck des Riegels, im Falle des Momentenausgleichs allerdings größere Momente als normalerweise. Da aber im allgemeinen die Längskraft gegenüber dem Moment überwiegen wird und überdies für die Stützenfüße doch zentrischer Druck in Frage kommt, kann angenommen werden, daß die Stützen in allen Fällen so ziemlich gleich stark bemessen werden können.

Natürlich gibt es noch eine Möglichkeit für den Statiker, bei Rahmen — selbst im Falle eines für den Ausgleich ungünstigen Wertes der Steifigkeitszahl k — den natürlichen Ausgleich herbeizuführen, also auf die Mitwirkung der Plastizität zu verzichten, und zwar durch Einschaltung von Eckverstärkungen oder Vouten. Dazu leisten auch wieder die vorliegenden Kurventafeln der Ausgleichskurven gute Dienste. Sofern sich die Zahl ν für irgendeinen gegebenen Wert von k aus der betreffenden Kurvenschar (hier Abb. 43) negativ ergibt, kann man sofort für eine angenommene Länge der einzuschaltenden Schrägen deren zur Erzielung des Momentenausgleichs erforderliche Höhe ermitteln. Dies soll an dem eben behandelten Beispiel gezeigt werden.

Es sei also z. B. die Steifigkeitszahl $k = 1$ für den in Abb. 58 dargestellten Rahmen maßgebend. Die Länge der Schrägen soll (beiderseits der Ecken) $\frac{1}{5}$ der Stablängen (Spannweite des Riegels bzw. Höhe der Stiele) betragen. Somit ist $n = 5$, und das Kurvenbild der Abb. 43 oder aber die Gleichung (59) liefert hierfür bei $k = 1$:

$$\nu = -0{,}865 \text{ und } \mu = 7{,}4.$$

Der Plastizitätsfaktor μ (das ist ja das Verhältnis der Trägheitsmomente an der Stütze und in Feldmitte) wächst aber — bei I-Profilen wird dies nur annäherungsweise gelten — mit der dritten Potenz der Höhe des Querschnittes. Verstärkt man demnach den Querschnitt an der Ecke auf die doppelte Höhe, so ist $\mu = 2^3 = 8$, was im vorliegenden Beispiele genügen würde, um bei einer Schrägenlänge von $\frac{1}{5}$ der Stablänge den natürlichen Momentenausgleich zwischen Eck- und Feldmoment herbeizuführen.

Auf diese Weise können also die Gleichungen bzw. Kurvenbilder der Ausgleichskurven auch dazu benützt werden, bei negativen Werten von ν (d. h. Auftreten des Fließgebietes in Feldmitte) die Größe der für Erzielung eines natürlichen Ausgleiches erforderlichen Eckverstärkungen oder Schrägen (Länge und Höhe) rasch zu berechnen. Meist wird in der Praxis bei der Bemessung von Rahmen der Einfluß der Eckverstärkungen überhaupt nicht berücksichtigt, sondern nach den in der Literatur vorhandenen Rahmenformeln gerechnet, die auf diesen Umstand keine Rücksicht nehmen, obwohl er — wie dies Beispiel zeigt — von größtem Einfluß auf den „Einspannungsgrad" des Rahmens ist.

Zum Schlusse soll noch die Frage erörtert werden, ob die Anwendung der „Theorie des Momentenausgleichs" auch für den Eisenbetonbau in Frage kommt, in dem ja seit jeher die durchlaufenden Systeme vorherrschen. Zu dieser Frage hat Dr. Emperger, Wien, in einem Aufsatze „Zur Statik des eingespannten und des Durchlaufbalkens" in der Zeitschrift „Beton und Eisen" [5]) ausführlich Stellung genommen und nachgewiesen, daß der Österr. Eisenbeton-Ausschuß in Heft 5 der bereits im Jahre 1916 veröffentlichten Berichte des Ausschusses über von ihm durchgeführte Versuche (aus den Jahren 1908/09!!) gleichfalls den Vorschlag macht, bei Durchlaufträgern aus Eisenbeton einen Momentenausgleich anzunehmen. Es ist klar, daß auch bei Eisenbetonbalken infolge Erreichung oder Überschreitung der Streckgrenze der Eiseneinlagen über den Zwischenstützen mehr oder weniger unvollkommene Gelenke (wenn man den Beton auf Zug nicht in Rechnung stellt, sogar vollkommene Gelenke) entstehen, wodurch eine Verschiebung der Momentenschlußlinie eintritt. Im Eisenbetonbau ist jedoch der Ausgleich nicht von jener praktischen Bedeutung wie im Stahlbau, weil auf Grund der dem ersteren typischen Berechnungsart — trotz absolut gleicher Momente über Stütze und im Feld — die Bemessung im Eisenbetonbau doch immer zweimal, und zwar getrennt für den Rechteckquerschnitt der Stütze und den davon verschiedenen Plattenbalkenquerschnitt des Feldes durchgeführt werden und meistens zu Verstärkungen über den Zwischenstützen führen muß.

Zweck der vorliegenden Schrift ist daher, hauptsächlich jenen Stahlbaustatikern bei Behörde und Unternehmung, die bisher noch gewisse Bedenken gegen die Anwendung der „Theorie des Ausgleichs" oder der „Selbsthilfe des Materials" hegten, weil diese scheinbar im Widerspruch mit der Elastostatik steht, zu zeigen, daß diese Berechnungsart keineswegs als eine „Umwälzung statischer Grundanschauungen" gewertet werden darf, sondern daß durch die Möglichkeit der Erlangung eines Gradmessers der Inanspruchnahme der Plastizität, wie sie insbesondere durch die Anwendung der Ausgleichskurven in dieser Abhandlung gegeben erscheint, jeder Widerspruch beseitigt wird.

Streng genommen sollte allerdings — mit Rücksicht auf den Ausgleich der Spannungen — der Momentenausgleich in der Weise durchgeführt werden, daß z. B. für den Fall „Fließbereich über der Stütze" das negative Stützenmoment etwa bis 20 v. H. größer ausfällt als das positive Feldmoment, denn gemäß der Spannungsfigur der Abb. 5b auf S. 11 ist das Widerstandsmoment für den teils plastisch, teils elastisch verformten Stützenquerschnitt etwas größer als jenes für den rein elastisch verformten Querschnitt. Daher erhöht sich bei gleichbleibenden Spannungen das Moment über der Stütze. Der Momentenausgleich hätte hiernach zu erfolgen zwischen dem negativen Moment am Ende des Fließbereiches (s. Abb. 3) und dem positiven Feldmoment. Dieser Gedankengang wird zurzeit in einer Doktor-Arbeit des Herrn Dipl. Ing. Knackstedt in Braunschweig weiter verfolgt.

MIX
Papier | Fördert gute Waldnutzung
FSC® C083411

Zeitfracht Medien GmbH
Ferdinand-Jühlke-Straße 7
99095 Erfurt, Deutschland
produktsicherheit@kolibri360.de